Sekundarstufe

Stefanie Hautkappe

Technik fachfremd unterrichten

Leichte Einstiege sofort umsetzbar

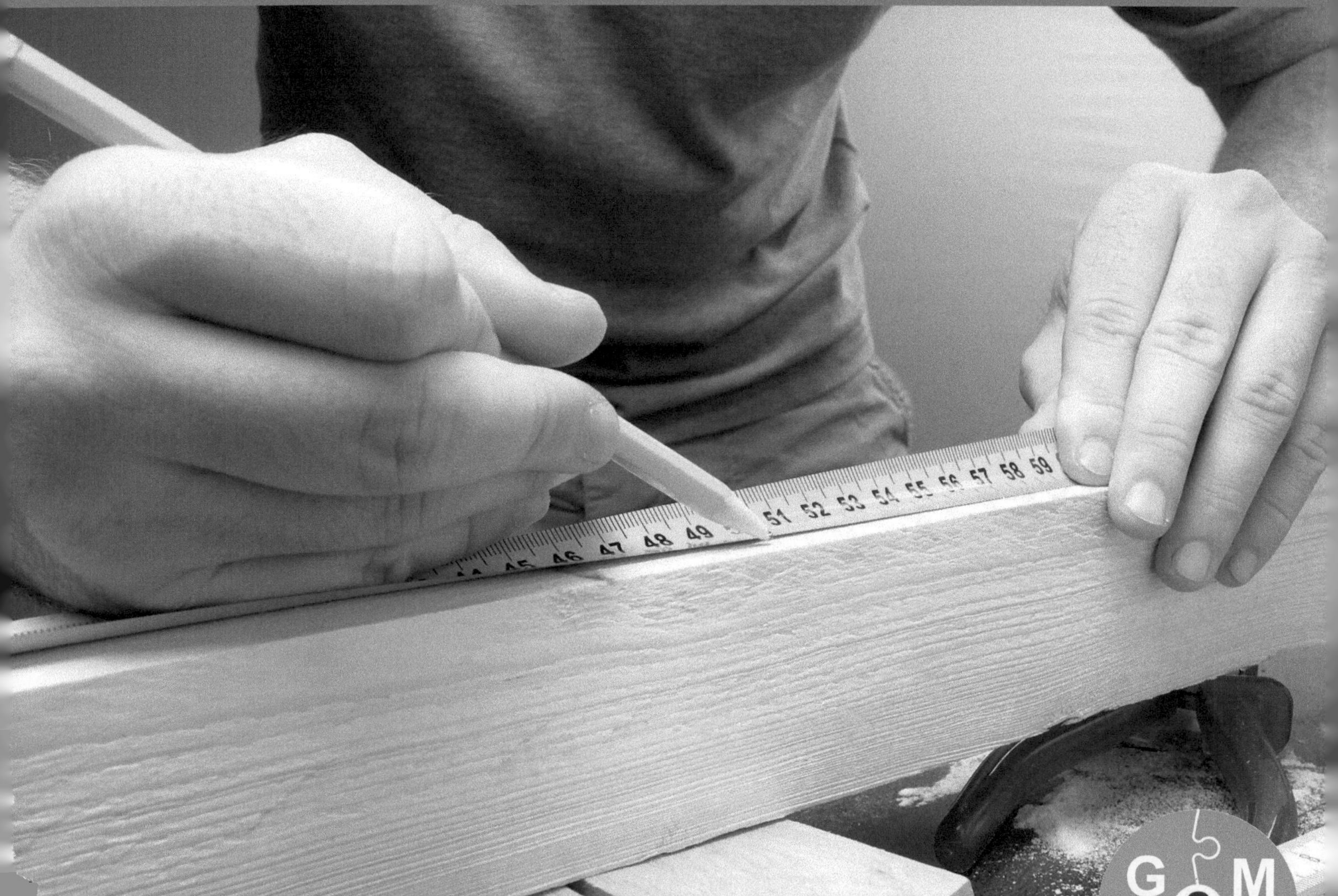

G 3 M E

- Organisation, Planung, Aufbau
- Tipps zur Durchführung
- Praktische Ideen
- Komplette Stundenbilder

Lernen mit Erfolg
KOHL VERLAG

Technik fachfremd unterrichten

Leichte Einstiege sofort umsetzbar

13. Auflage 2026

Inhalt: Stefanie Hautkappe
Coverbilder: © Florian Hiltmair & volondoff - AdobeStock.com
Redaktion: Kohl-Verlag
Grafik & Satz: Kohl-Verlag
Druck: Elanders Druck, Waiblingen

Bestell-Nr. 11 240

ISBN: 978-3-86632-483-1

Kontakt: Kohl-Verlag, An der Brennerei 37-45, 50170 Kerpen
Tel: +49 2275 331610, Mail: info@kohlverlag.de

Inhalt

KOHL VERLAG TECHNIK fachfremd unterrichten
Leichte Einstiege sofort umsetzbar - Bestell-Nr. 11 240

Vorwort

Liebe Kolleginnen, liebe Kollegen,

Sie wollen ein spannendes, aber auch herausforderndes Fach unterrichten – dieser Band soll und wird Sie dabei unterstützen. Die vorliegenden Kopiervorlagen orientieren sich an zeitgemäßen didaktischen Modellen.

Die Schüler* stehen als Subjekte des Lernprozesses im Mittelpunkt. Experimentieren, ausprobieren und praktisches Tun sind Schwerpunkte dieses handlungsorientierten Ansatzes. Der Technikunterricht ist ein wichtiger Pfeiler schulischer Bildung. Er leistet nicht nur einen Beitrag zur Allgemeinbildung, sondern bietet soziales Lernen, Gemeinschaftserfahrungen und wichtige handwerkliche Grunderfahrungen für das spätere Leben.

Jugendliche brauchen klare und verlässliche Strukturen für das Bestehen im Alltag – nicht nur zum Lernen. Nur eine klare Struktur im Stundenaufbau, in den Arbeitsformen und in den Inhalten macht Lernen im Technikunterricht möglich.

Diese klaren Strukturen finden Sie in den vorliegenden Einheiten und Themenfeldern. Durch seine vielschichtigen und vielfältigen Inhalte und Methoden fördert der Technikunterricht wichtige Kompetenzen und leistet so einen wertvollen Beitrag zum allgemeinen Bildungsauftrag der Schule.

Viel Freude und Erfolg beim Einsatz der vorliegenden Kopiervorlagen wünschen Ihnen der Kohl-Verlag und

Stefanie Hautkappe

Unsere Niveaustufen/Symbole zur Dreifachdifferenzierung		
▲ **Grundniveau**	◆ **Mittleres Niveau**	★ **Erweitertes Niveau**

**Mit den Lehrern und Schülern sind selbstverständlich grundsätzlich auch Lehrerinnen und Schülerinnen gemeint.*

Anregungen für Lehrkräfte

Technikunterricht lebt vom gemeinsamen Tun: vom Ausprobieren, vom Streiten über den besten Lösungsweg und vom Werkstück, das am Ende in der Hand liegt. Die Kopiervorlagen dieses Bandes sind bewusst so angelegt, dass sie diese soziale Seite des Faches tragen – die Verlaufsraster weisen durchgehend Sozialformen aus, viele Aufträge sind allein gar nicht zu bewältigen, und die Dreifachdifferenzierung (▲ Grundniveau, ♦ mittleres Niveau, ★ erweitertes Niveau) erlaubt es, heterogene Lerngruppen an derselben Sache arbeiten zu lassen. Die folgenden Hinweise zeigen, wie Sie das Material mit erprobten kooperativen Methoden verbinden und dabei zugleich Ihren eigenen Unterricht Schritt für Schritt weiterentwickeln.

1. Gruppenarbeit und kooperative Lernformen

Nahezu alle Einstiege des Bandes gewinnen durch das Prinzip **Think-Pair-Share** (Ich – Du – Wir). Beim Vermutungsteil zu den Holzverbindungen (S. 26) ebenso wie bei den Vermutungsspalten der Metall-Stationen (Aufgaben 6 und 7, S. 61 f.) notiert zunächst jede Schülerin und jeder Schüler allein, bevor im Partner- und dann im Klassengespräch verglichen wird. So bringt jeder einen eigenen Gedanken in die Gruppe ein, statt sich hinter den Schnellen zu verstecken. Für „Metalle im Alltag“ (Aufgabe 1, S. 58) eignet sich die **Placemat-Methode**: Jedes Kind füllt sein Außenfeld, in die Mitte kommt nur, worauf sich die Gruppe geeinigt hat – die offenen Zeilen der Zuordnungstabelle S. 60 nehmen die Ergebnisse anschließend auf.

Die Kleine Werkzeugkunde (S. 9–11) ist bewusst mehrfach verwendbar. Als Memory oder Zuordnungsspiel in Partnerarbeit geübt, lässt sie sich mit dem auf S. 7 beschriebenen Staffellauf zu einer Gruppenaufgabe mit echtem Wettbewerbscharakter ausbauen; entscheidend ist, dass Sie vorab gemeinsam Regeln festlegen (nicht rennen, nur ein Läufer pro Gruppe im Raum). Für geübtere Lerngruppen bietet sich ein **Partnerpuzzle** an: Ein Tandem erarbeitet die Holzwerkzeuge, das andere die Metallwerkzeuge (S. 68–72), anschließend erklären sich beide gegenseitig ihre Auswahl und ordnen gemeinsam den Funktionskategorien zu.

Die Schülerversuche zu den elektronischen Bauteilen (S. 50–53, Niveau ★) und die Metall-Stationen (S. 60–66) lassen sich als **Gruppenpuzzle** organisieren: Jede Stammgruppe entsendet Expertinnen und Experten an je eine Station; anschließend erklären diese ihr Bauteil beziehungsweise ihre Eigenschaft den anderen. Wichtig ist ein klarer Auftrag – „Ihr müsst euren Versuch später ohne Arbeitsblatt erklären können“ – und eine gemeinsame Ergebnissicherung, für die sich die Übersicht S. 48 anbietet. Die TIPP-Kärtchen (S. 39, 41, 54) geben Sie gezielt einzelnen Gruppen und differenzieren so, ohne die Aufgabe für alle abzusenken. Das technische Experiment zu den Holzverbindungen (S. 26–28) ist ein Musterbeispiel positiver Abhängigkeit: Jede Gruppe prüft nur eine Verbindung, ein Ergebnis entsteht erst im Vergleich aller vier. Planen Sie die Wartezeit bis zum Versagen der Verbindungen (bis zu eineinhalb Stunden, S. 27) mit kleinen Zusatzaufträgen ein.

Beim einfachen Stromkreis (S. 37–41) arbeiten die Schüler in Partner- oder Kleingruppen; die Ingenieursaufgabe mit den Büroklammern (S. 38, Niveau ★) und der Zusatz auf S. 40 fangen schnelle Gruppen auf, ohne dass sie den anderen davonlaufen. Ein **Museumsgang** eignet sich, um die unterschiedlichen Schalterlösungen sichtbar zu machen: Die Gruppen lassen ihre Schaltungen aufgebaut stehen, wandern reihum und notieren jeweils eine Idee, die sie selbst nicht hatten.

2. Bedeutungsvolle Zusammenarbeit & gemeinsame Ziele

Zusammenarbeit trägt dann, wenn sie tatsächlich gebraucht wird. Beim Bohrmaschinenführerschein (S. 14–25) arbeiten die Schüler deshalb in festen Rollen: Eine Person bohrt, die zweite beobachtet mit der Sicherheits-Checkliste S. 20 und gibt danach Rückmeldung, dann wird getauscht. Sicherheit wird so zur geteilten Verantwortung und nicht zur reinen Kontrollaufgabe der Lehrkraft. Die Standbild-Übung (S. 17) ergänzt das körperlich und mit Spielcharakter: Eine Gruppe baut einen Fehler in ihr Standbild ein, die übrigen suchen ihn – wer ihn benennen kann,

KOHL VERLAG TECHNIK fachfremd unterrichten Leichte Einstiege sofort umsetzbar – Bestell-Nr. 11 240

hat die Regel wirklich verstanden. Bewährt hat sich außerdem ein Patensystem: Wer den Führerschein (S. 25) erhalten hat, begleitet als Experte diejenigen, die noch üben.

Damit die Einzelwerkstücke ein sichtbares gemeinsames Ziel bekommen, lohnen sich Klassenprodukte. Beim Heißen Draht (S. 42–45) bietet sich das im Band vorgeschlagene Turnier um den „Geschicklichkeits-Meister" an, beim Solo-Halma (S. 24) eine Rekordliste, an der über Wochen weitergespielt wird. Aus der Übersicht S. 48 kann ein gemeinsam erstelltes Bauteile-Lexikon für die Werkraumwand entstehen, aus der Bauanleitung S. 44 f. eine von den Schülern fotografierte oder gefilmte Anleitung für den nächsten Jahrgang. Auch die Werkzeugtabellen S. 70–72 eignen sich als Grundlage für ein dauerhaftes Werkzeugplakat, das die Klasse selbst gestaltet und das den Schrankbeschriftungen entspricht – Ordnung im Raum wird damit zum Ergebnis eigener Arbeit. Der auf S. 17 angeregte Besuch einer Schreinerei oder Tischlerei lässt sich arbeitsteilig vorbereiten: Jede Gruppe recherchiert einen Holzberuf und formuliert zwei Fragen für den Betrieb. Und schließlich gehört das gemeinsame Aufräumen, das der Verlaufsplan S. 28 ausdrücklich als eigene Phase ausweist, zu den einfachsten und wirksamsten Formen geteilter Verantwortung im Fachraum.

3. Reflexion & Weiterentwicklung

Die Fertigungskontrolle (S. 8) ist mehr als ein Abschluss: Was ist besonders gelungen, was machen wir beim nächsten Mal anders, wo lag die eigentliche Schwierigkeit? Für die Rückmeldung genügen ein kurzes **Blitzlicht**, ein **Exit-Ticket** mit drei Zeilen am Stundenende oder eine **Feedback-Zielscheibe**. Dass die Zuordnungstabelle von Station 1 am Ende der Metalleinheit erneut erscheint (S. 60 und S. 65), ist didaktisch gewollt: Die Schüler erleben ihren Lernzuwachs unmittelbar, und Sie erfahren, was tatsächlich angekommen ist. Nutzen Sie die schriftliche Selbsteinschätzung, die S. 8 anregt, ausdrücklich auch als Feedback zu Ihrem eigenen Unterricht.

Für die eigene Praxis gilt gerade beim fachfremden Einstieg: Probieren Sie Maschinen, Werkzeuge und Versuche vor der Stunde einmal selbst durch. Das schafft Sicherheit, deckt Materialengpässe früh auf und zeigt, wie lange einzelne Schritte realistisch dauern. Halten Sie Ihre Beobachtungen direkt an den Verlaufsrastern (S. 18 f., 28, 36, 43, 57) fest – nach zwei Durchgängen haben Sie einen erprobten eigenen Plan. Besonders wirksam ist die Zusammenarbeit im Kollegium: **kollegiale Hospitation** an der Bohrmaschine, ein **Lesson-Study-Tandem** zu einer gemeinsam geplanten und anschließend ausgewerteten Stunde oder eine **Professionelle Lerngemeinschaft** in der Fachschaft, in der Materiallisten, Sicherheitsunterweisungen und bewährte Einstiege geteilt werden. Wer fachfremd beginnt, muss nicht alles allein wissen – er muss nur wissen, wen er fragt.

Praxis-Tipp: *Legen Sie eine Werkraum-Mappe an, in der Sicherheitsunterweisung, Materiallisten, Bezugsquellen und Ihre Notizen zu jeder Einheit gesammelt werden. Im zweiten Durchgang halbiert das die Vorbereitungszeit – und im Vertretungsfall kann eine Kollegin damit sofort weiterarbeiten.*

KOHL VERLAG
TECHNIK fachfremd unterrichten
Leichte Einstiege sofort umsetzbar • Bestell-Nr. 11 240

Werkzeugkunde

Die nachfolgende Übersicht „Kleine Werkzeugkunde“ bietet vielfältige Einsatzmöglichkeiten.

Einerseits dient sie Ihnen als Übersicht der verschiedenen Werkzeuge. Gleichzeitig können Sie diese aber auch Ihren Schülern als Merkblatt zur Hand geben. Andererseits lässt sich diese Kopiervorlage als Memory verwenden, in dem entweder Bild-Bezeichnung, Bild-Beschreibung oder Bezeichnung-Beschreibung ein Paar bilden.

Kopieren Sie dazu die Kopiervorlage auf festeres Papier, welches nicht durchsichtig ist und schneiden Sie die entsprechenden Kärtchen aus. Das Memory können Sie auch jederzeit zur Differenzierung einsetzen.

Desweiteren können Sie die Kopiervorlage als Arbeitsblatt einsehen, indem Sie entweder die Bezeichnung oder die Beschreibung beim Kopieren abdecken.

Anwendungs- und Umsetzungsbeispiele:

❶ Sie können die Werkzeuge auf einem Tisch bereitlegen und die Schüler die entsprechende Bezeichnung und Beschreibung/Verwendung dazu sortieren lassen. Kopieren Sie hierfür die Bezeichnungen und die Beschreibung/Verwendung auf festes Papier/Karton und schneiden Sie diese auseinander.

❷ Zur Orientierung im Raum bzw. in den Schränken können Sie eine Art Staffellauf machen. Teilen Sie die Klasse in 3-4 gleichgroße Gruppen ein. Jede Gruppe bekommt eine bestimmte Anzahl Werkzeugkärtchen (Bild, Bezeichnung, Beschreibung/Verwendung ⇨ gemischt). Der erste Schüler jeder Gruppe deckt das erste Kärtchen auf, geht zum Schrank und holt das Werkzeug. Wenn er zurück ist, kommt der zweite Schüler an die Reihe usw., bis alle Kärtchen gespielt sind. Die Gruppe, die als erstes alle Werkzeuge richtig geholt hat, gewinnt.

WICHTIG: Legen Sie Regeln fest! Es darf z.B. nicht gerannt werden!

❸ Für Schüler, die schon Erfahrungen im Technikunterricht haben, können Sie diese Kärtchen als Wiederholung nutzen und die Bilder/Bezeichnungen in Holz- und Metallwerkzeuge sortieren lassen.

❹ Als weitere Vertiefung können Sie zu den Werkzeugen die passenden Hilfsmittel zuordnen lassen.

❺ Einsatz wie ein Laufdiktat – z.B. im Schrank suchen lassen, Namen aufschreiben

KOHL VERLAG TECHNIK fachfremd unterrichten Leichte Einstiege sofort umsetzbar – Bestell-Nr. 11 240

Zwei fachdidaktische Prinzipien – Konstruktion (Prozessorientierung) & Fertigung (Produktorientierung)

Das **Konstruieren** spielt in der Realität technischer Berufe eine große Rolle und ermöglicht und erfordert selbstständiges Lernen und ist deshalb wichtiger Bestandteil schulischen technischen Lernens.
Es besteht aus mehreren Phasen:

In der Eröffnungsphase wird die Aufgabe erklärt, Probleme diskutiert und Fragen beantwortet, wodurch die Schüler die Aufgabe akzeptieren und motiviert und lernbereit sind.

Anschließend folgt die Analytische Phase, in der die Schüler die Aufgaben in Teilaufgaben unterteilen und mögliche Schwierigkeiten erkennen.

In der Beratungsphase diskutieren die Schüler mögliche Lösungswege. Die Lehrperson steht ihnen dabei beratend zur Seite und unterstützt die Lösungsfindung durch konstruktive Kritik.

Die Entwurfsphase kann in Einzel-, Gruppen oder Partnerarbeit stattfinden. Hierbei überlegen die Schüler, wie sie bei der Realisierungsphase bzw. der Fertigung vorgehen. Es werden Planungsskizzen, Explosionszeichnungen und/oder ein Ablaufplan angefertigt

Die anschließende Konsultationsphase dient der Überprüfung der Einzelideen durch das Plenum. Diese Phase kann während einer Einheit mehrfach vorkommen und dient dem Austausch in der Gruppe, wodurch die Schüler lernen, ihre Ideen verständlich zu erklären und den Ausführungen ihrer Mitschüler zu folgen und diese nachzuvollziehen.

Anschließend folgt die Realisierungsphase, in der das Werkstück, das Experiment, ... gefertigt wird.

Diese Phase kann nach dem fachdidaktischen Prinzip des **Fertigen** erfolgen.
Dieses ist wiederum in Phasen unterteilt:

Es beginnt mit der Fertigungsvorbereitung, die nach dem Prinzip der „Konstruktion" oder dessen einzelner Phasen angeleitet werden kann.

Darauf folgt die Fertigungsdurchführung. Zu dieser Phase zählt die Fertigung, also der praktische Teil der Umsetzung.

Die abschließende Fertigungskontrolle dient der Schulung der Schüler im Einschätzen ihrer eigenen Ergebnisse und der Wertschätzung der Schülerarbeiten. Die einzelnen Ergebnisse werden ggf. vorgestellt und besprochen. Dabei können auch aufgetretene Probleme aufgegriffen werden und im Plenum überlegt werden, wie man diese beim nächsten Mal möglicherweise verhindern kann. Am Ende steht die Rückmeldung der einzelnen Schüler zu ihrer eigenen Leistung/Mitarbeit und zu ihrem Lernzuwachs. Dies kann auch schriftlich erfolgen und dient gleichzeitig der Lehrperson als Feedback zum eigenen Unterricht.

KOHL VERLAG TECHNIK fachfremd unterrichten Leichte Einstiege sofort umsetzbar – Bestell-Nr. 11 240

Kleine Werkzeugkunde

Bezeichnung	Bild	Beschreibung/Verwendung
Schraubstock	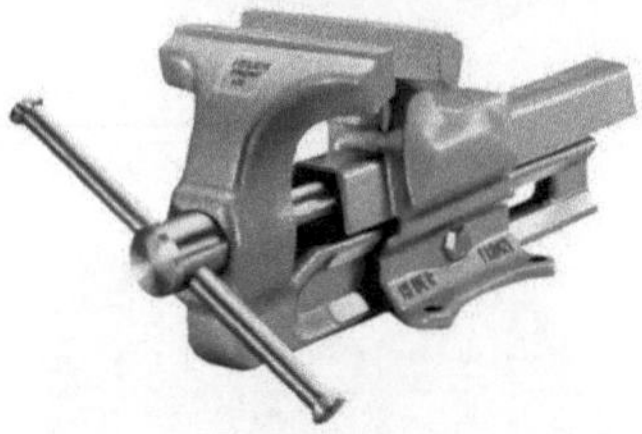	Werkzeug zum Befestigen von Werkstücken während der Bearbeitung
Schraubzwinge	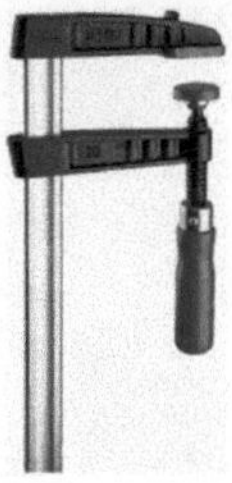	Werkzeug zum Zusammenspannen/-pressen mehrerer Werkstücke (z.B. beim Leimen; Schraubzwingen bei Holz nur mit Unterlage verwenden, sonst entstehen Abdrücke)
Seitenschneider		Werkzeug zum Abtrennen (Durchtrennen) von Drähten oder Kabeln
Kneif-/Beißzange	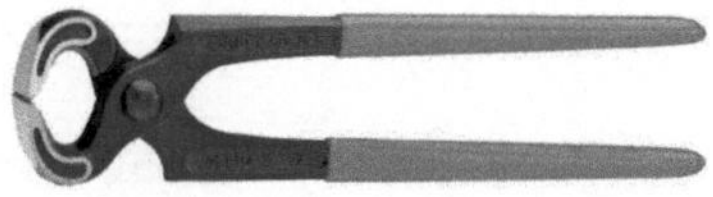	Werkzeug zum Herausziehen von Nägeln aus Holz
Abisolierzange	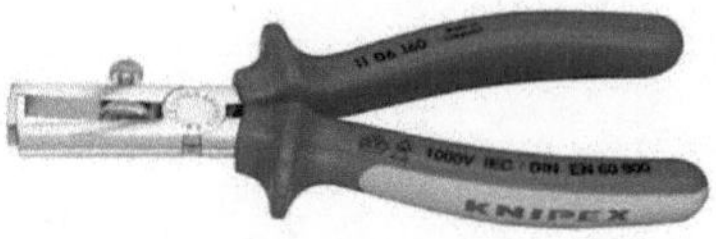	Werkzeug zum Entfernen der Isolierhülle an Kabeln
Spitzzange	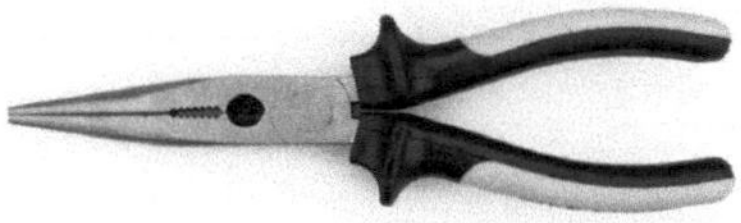	Werkzeug zum Greifen oder Festhalten von Gegenständen

1 Grundlagen

Bezeichnung	Bild	Beschreibung/Verwendung
Schleifklotz		Arbeitsmittel zur besseren und sichereren Arbeit mit Schleifpapier
Schleifpapier *(Körnung 80 grob, 240 sehr fein)*		Arbeitsmittel zum Beseitigen von Unebenheiten; in verschiedener Körnung (Stärke) und für verschiedene Materialien erhältlich
Raspel	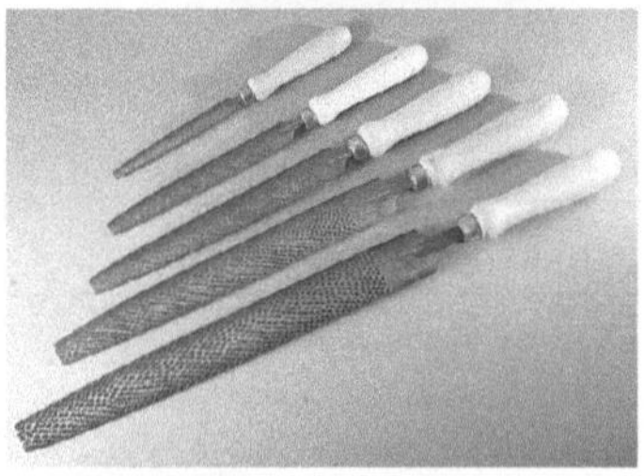	Spanabhebendes Werkzeug, hauptsächlich zur Bearbeitung von Holz
Feile		Werkzeug zum Zerspanen unterschiedlicher Materialien (Holz, Metall, Kunststoff ...). Die Bezeichnung richtet sich nach der geometrischen Form (z.B. Rundfeile, Halbrundfeile, Flachfeile, Vierkantfeile ...)
Holzbohrer		Werkzeug zur Herstellung von Bohrungen in Holz; unterscheidet sich vor allem durch die Zentrierspitze von anderen Bohrern
Spannschlüssel	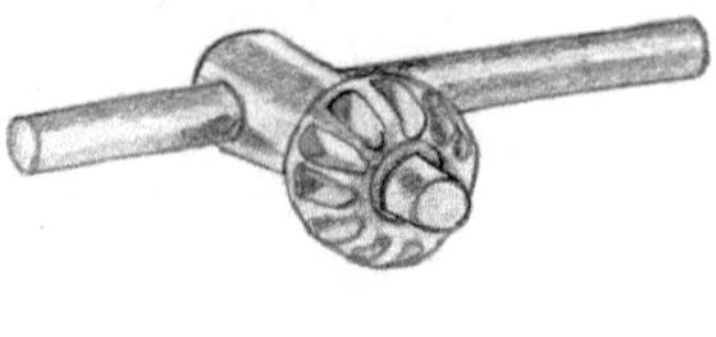	Hilfsmittel zum Öffnen und Schließen des Spannfutters einer Bohrmaschine
Messschieber	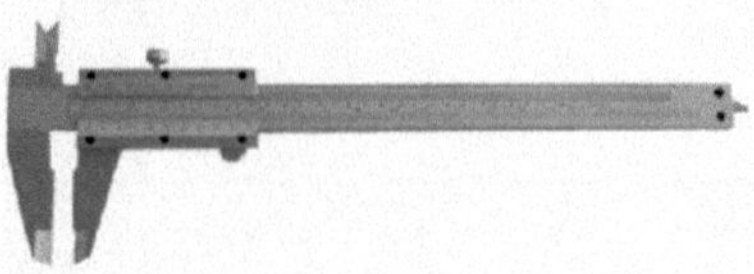	Messgerät zum Messen von Innen-, Außen- und Tiefenmaßen mit einer Messgenauigkeit von bis zu einem Hundertstel Zentimeter (je nach Messbereich)

TECHNIK fachfremd unterrichten
Leichte Einstiege sofort umsetzbar – Bestell-Nr. 11 240
KOHL VERLAG

1 Grundlagen

Bezeichnung	Bild	Beschreibung/Verwendung
Flachzange	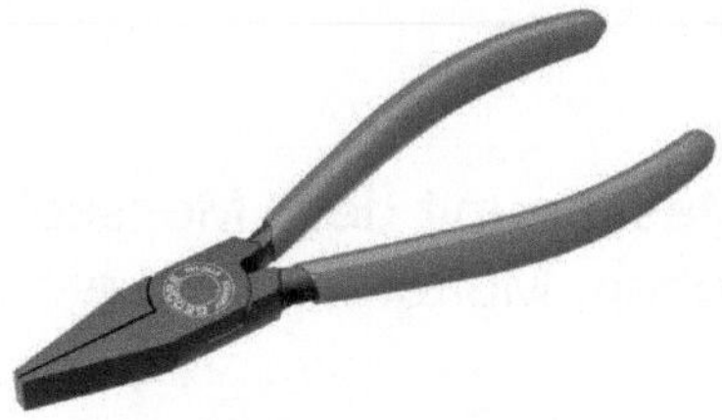	Werkzeug zum Greifen oder Festhalten von Gegenständen; bietet durch die breiteren Backen eine bessere Haltekraft als die Spitzzange
Rundzange		Werkzeug, nicht nur zum Greifen von kleinen Gegenständen (z.B. beim Bestücken von Platinen), sondern auch zum Biegen von Draht
Puk-Säge	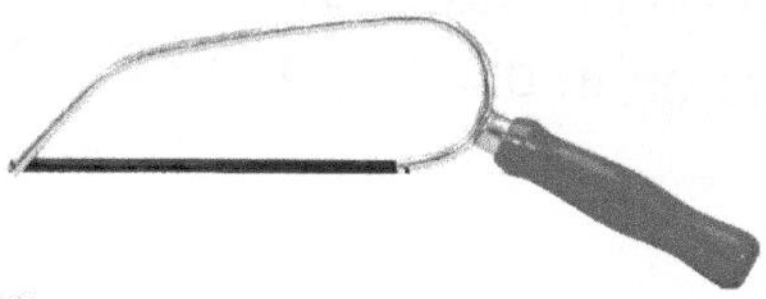	Handsäge mit (je nach Werkstoff) auswechselbarem Sägeblatt für kleinere Sägearbeiten
Feinsäge		Holz-Handsäge mit dünnem Sägeblatt zum Sägen dünner, flacher Schnitte und zum Ablängen von Leisten
Fuchsschwanz		Handsäge mit ungespanntem Sägeblatt zum Zerteilen von Platten
Laubsäge		Hand-/Sperrsäge zum Sägen dünner Holzplatten, hauptsächlich zum künstlerischen Einsatz (Laubsägearbeiten)
Sägeblätter		Werkzeugzubehör zum Trennen; bei vielen Sägen, je nach Werkstoff, auswechselbar

KOHL VERLAG
TECHNIK fachfremd unterrichten
Leichte Einstiege sofort umsetzbar – Bestell-Nr. 11 240

Messen mit dem Messschieber

Um mit Ihren Schülern das Messen mit dem Messschieber zu üben, legen Sie verschiedene Materialien (Schrauben, Muttern, Nägel etc.) bereit.

1. Variante

Sie legen die Maße dazu und die Schüler müssen herausfinden, wie man den Messschieber benutzt, indem sie die Gegenstände nachmessen.

TIPP: Wenn Sie die Schüler den Messschieber erkunden lassen (1. Variante) und merken, dass es große Probleme gibt, geben Sie das TIPP-Kärtchen in die entsprechende Gruppe.

TIPP-Kärtchen

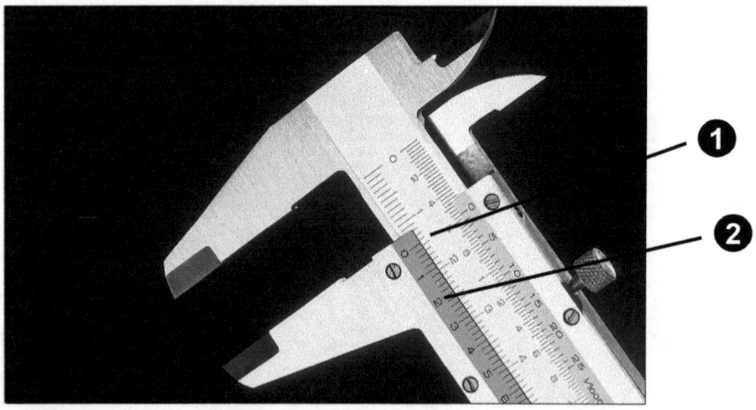

1 1,4 2 2 → **1,42 cm**

2. Variante

Sie geben den Schülern die Kopiervorlage „Messen mit dem Messschieber" und erklären bzw. üben das Messen mit den Schülern gemeinsam. Im Anschluss daran können die Schüler verschiedene Gegenstände ausmessen. Die Ergebnisse werden dann im Plenum verglichen. Unterschiedliche Ergebnisse bieten Gelegenheit, auf Messfehler einzugehen.

KOHL VERLAG TECHNIK fachfremd unterrichten Leichte Einstiege sofort umsetzbar – Bestell-Nr. 11 240

Messen mit dem Messschieber

Mit einem Messschieber kann man Längen (Innen-, Außen- und Tiefenmaße), je nach Messgenauigkeit, mit einer Genauigkeit von bis zu einem Hundertstel Zentimeter bestimmen. Meistens wird mit einer Genauigkeit von einem Zehntel Millimeter gemessen.

Für ein **Längenaußenmaß** schiebst du die beiden großen Messschenkel so weit auseinander, dass der Gegenstand gut dazwischen passt. Dann hältst du den Gegenstand dazwischen und schiebst diese vorsichtig zusammen.

Für ein **Längeninnenmaß** schiebst du die beiden kleinen Messschenkel ganz zusammen, hältst diese in den Gegenstand und schiebst sie vorsichtig auseinander.

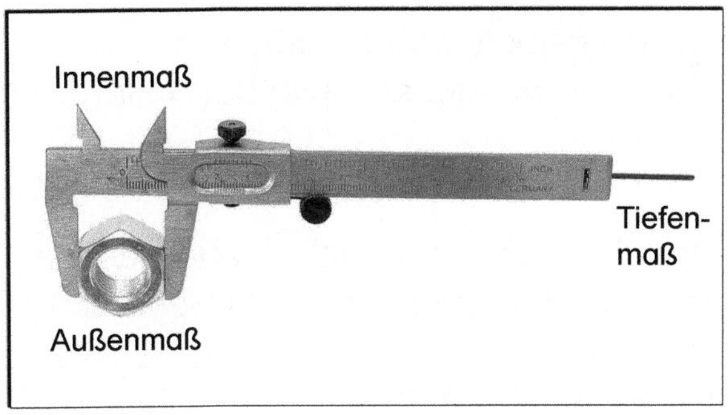

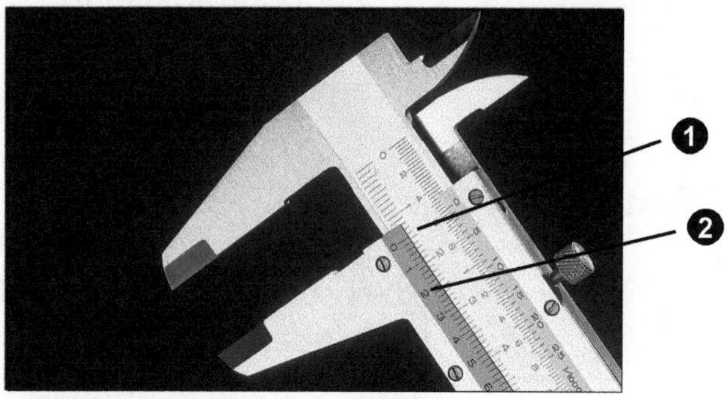

1 Zehntel Zentimeter   2 Hundertstel Zentimeter

Ablesen des Messwertes:

Den Messwert bis zu einem Zehntel Zentimeter (einem Millimeter) liest du an der Stelle ab, an der die 0 der unteren Skala steht. z.B. ***1,4*** (cm). Den Wert des Hundertstel Zentimeter liest du ab, indem du genau schaust, welcher Wert der unteren Skala als nächstes genau einen Strich der Markierung an dem Griff des Messschiebers trifft, z.B. die ***2*** (Hundertstel Zentimeter). Dann lautet der genaue Messwert: ***1,42*** cm

ACHTUNG: Den Messschenkel immer nur bis zu einem geringen Widerstand zusammenschieben!

▲ **Aufgabe 1:** *Messt die Länge der Gegenstände und tragt eure Ergebnisse in die Tabelle ein.*

Gegenstand	Länge

Gegenstand	Länge

Informationen für den Lehrer

Bohrmaschinenführerschein

Thema: Bohrmaschinenführerschein anhand der Fertigung eines Solo-Halma-Spiels

Klasse: 5/6 (je nach Vorkenntnissen der Schüler), als Wiederholung (zeitlich gekürzt) auch in höheren Klassen

Zeit: 3 x 3 Schulstunden

Ziel: Die Schüler ...

- ... kennen die Sicherheitsbestimmungen beim Umgang mit der Tischbohrmaschine.
- ... können die Tischzbohrmaschine selbstständig bedienen.
- ... können nach Anleitung/Vorlage ein einfaches Spiel herstellen.

Benötigtes Material:

- verschiedene Bohrer (Holz, Metall, jeweils in verschiedenen Größen)
- Holzbrett (20 mm) auf 150 mm x 150 mm zugesägt (pro Schüler 1x)
- Holzdübel (32 Stück pro Schüler)
- fertiges Spiel und/oder Fertigungsbeschreibung

TIPP: Die Holzbretter können von den Schülern gegebenenfalls auch selber zugesägt werden. Hierfür empfiehlt es sich, Bretter mit den Maßen 300x150x20 mm vorzubereiten, sodass immer zwei Schüler zusammenarbeiten können. Das Ablängen bzw. Sägen mit der Feinsäge kann dann hierüber eingeführt werden.

Hinweis zum Einsatz: Der Bohrmaschinenführerschein kann auch separat vom Solo-Halma-Spiel eingesetzt werden.

Beschreibung der Tischbohrmaschine:

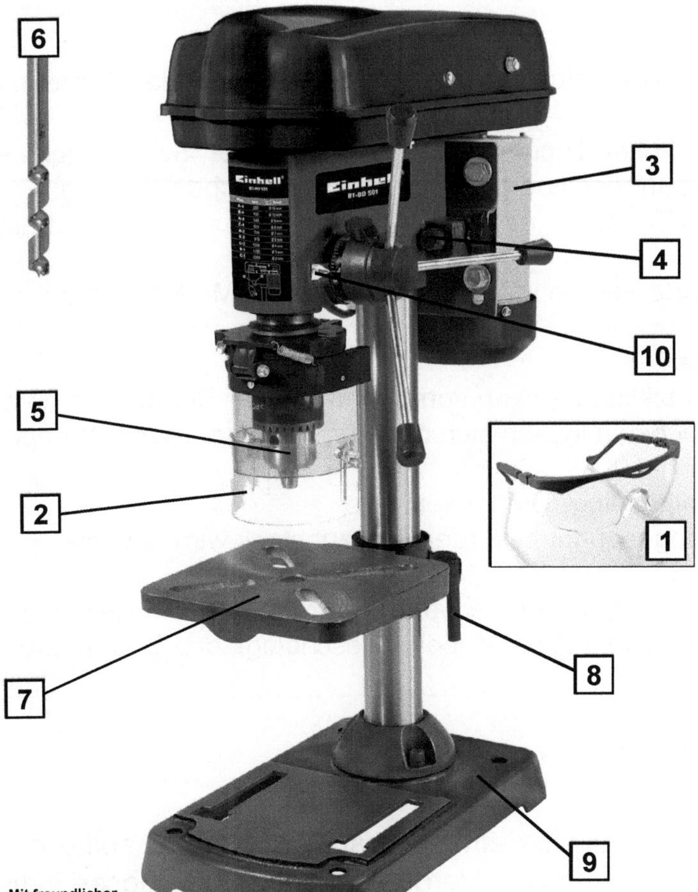

Mit freundlicher Genehmigung der Einhell Germany AG

1 Schutzbrille (wichtig!)
2 Schutzhaube
3 Motor
4 Schalter
5 Bohrfutter
6 Bohrer
7 Bohrtisch
8 Höhenverstellung
9 Bohrmaschinenfuß
10 Tiefeneinstellung

Einstellungen an der Tischbohrmaschine:

Beim Bohren mit der Tischbohrmaschine ist es wichtig, den richtigen Bohrer, sowie die richtige Drehzahl auszuwählen. Besonders bei der Arbeit mit dem Werkstoff Metall ist die Drehzahl entscheidend. An jeder Tischbohrmaschine befindet sich eine Übersicht, wie die einzelnen Riemen laufen müssen, um eine bestimmte Drehzahl zu erreichen (neue Maschinen sind stufenlos elektronisch verstellbar). An manchen Maschinen befindet sich ebenfalls eine Übersicht, welche Drehzahl bei welchem Werkstoff je nach Dicke einzustellen ist.

> *Bei Holz gilt (bis 13 mm Bohrer-Durchmesser):*
> **Je kleiner der Bohrerdurchmesser, desto höher die Drehzahl (wegen der Schnittgeschwindigkeit)**

Da Holzbohrer eine Zentrierspitze haben, ist das Vorkörnen bei Holz nicht notwendig. Für Kunststoff und Blech werden Extrabohrer und eine Unterlage genommen. Für die Fertigung des Solo-Halma-Spiels ist die Tiefeneinstellung von großer Wichtigkeit, da die Löcher nicht durchgehen, sondern nur 15 mm tief sein dürfen! (Tiefeneinstellung einstellen und Bohrer neben Werkstück absetzen, um Einstellung zu überprüfen.)

Informationen für den Lehrer

Sicherheitshinweise:

- Lange Haare müssen zusammengebunden werden (da sie sich in der Bohrmaschine verfangen könnten).
- Weite Ärmel, lose Kleidung, Schal, Tücher, Kordeln von Pullover, Sweat-Jacke etc. sind beim Arbeiten an der Bohrmaschine aus dem gleichen Grund verboten.
- Schmuck (Armbänder, Uhr, Ohrringe, Ketten etc.) sind beim Arbeiten im Technikraum generell abzulegen.
- Es darf sich nur die arbeitende Person im Sicherheitsbereich (Markierung auf dem Boden) aufhalten.
- Eine Schutzbrille ist zu tragen.
- Vor dem Bohren ist die Schutzklappe (wenn vorhanden) an der Bohrmaschine zu schließen (⇨ Viele Bohrmaschinen lassen sich ohne geschlossene Schutzklappe nicht starten!).
- Der Bohrer muss fest <u>und</u> mittig eingespannt sein.
- Das Werkstück muss fest eingespannt sein (der Schraubstock wird mit einer Hand zusätzlich gesichert).
- Es dürfen keine defekten Bohrmaschinen verwendet werden, d.h. die Riemen müssen in Ordnung sein, die Ummantelung der Kabel unbeschädigt, das Bohrfutter fest ...

Ablauf der Einheit:

Der hier beschriebene Ablauf stellt lediglich einen Vorschlag dar und sollte nicht genauso übernommen werden, sondern an die Voraussetzungen der Klasse individuell angepasst werden.

1. <u>Problemstellung</u>: Das SOLO-HALMA Spiel soll gebaut werden.
   „Wie bekommen wir die Löcher für unser Spiel?"

2. <u>Erarbeitung der Sicherheitsregeln</u>

   ⇨ In diesem Zusammenhang kann die Lehrperson mit Hilfe eines Lappens demonstrieren, was mit langen Haaren, loser Kleidung etc. passieren könnte. Hierzu wird ein alter Lappen in die drehende Bohrmaschine gehalten.

   ACHTUNG: Der Lappen zieht sich sehr schnell in das Bohrfutter ein, deswegen schnell loslassen und die Maschine über den Notstopp ausschalten!

3. <u>Benennung der Teile der Bohrmaschine</u>

4. <u>Lehrerdemonstration Inbetriebnahme der Bohrmaschine</u>:
   - Auswahl des richtigen Bohrers (Unterschied Holzbohrer, Metallbohrer; Durchmesser = Dübel (Spielsteine) eventuell mit Messschieber zeigen ⇨ richtige Verwendung siehe Schüler-Arbeitsblatt)

KOHL VERLAG TECHNIK fachfremd unterrichten Leichte Einstiege sofort umsetzbar – Bestell-Nr. 11 240

- Eigentlich verwendet man für Holz einen Holzbohrer.
  In diesem Fall bietet sich allerdings ein Metallbohrer (Durchmesser 4,2) an, da die Dübel besser zu entfernen sind. Durch die fehlende Zentrierspitze müssen die Bohrlöcher vorgekörnt werden.
- Einspannen des Bohrers
- Bohren

5. Schüler machen erste Bohrversuche

Alle Schüler bohren nacheinander ein Loch, jeweils mit Aus- und Einspannen. Im ersten Durchgang bohren alle eine Durchgangsbohrung. Im zweiten Durchgang wird nur ein Grundloch (Sacklochbohrung; Bohrung nicht durchgehend) gebohrt. Dabei wird speziell die Tiefeneinstellung geübt. Die anderen Schüler beobachten und machen auf mögliche Fehler aufmerksam.

Übung: Die Schüler überlegen in Gruppen, wie sie als Standbild* einen Fehler beim Bohren darstellen können. Die anderen Gruppen versuchen nun, möglichst schnell den Fehler zu finden. Für jeden gefundenen Fehler gibt es einen Punkt.

6. Fertigung des SOLO-HALMA Spiels

Die einfachste Variante besteht darin, dass die Schüler eine Schablone für die Bohrlöcher bekommen *(siehe Kopiervorlage S. 21)*.
Die Schüler können die Schablone allerdings auch selber (evtl. am PC/CAD-System) herstellen, oder die Bohrpunkte direkt auf ihrem Spielbrett markieren. Beim Bohren arbeiten die Schüler in Partnerarbeit, damit sie sich gegenseitig beim Einhalten der Sicherheitsregeln unterstützen können. Dabei ist darauf hinzuweisen, dass immer nur der arbeitende Partner im Sicherheitsbereich der Bohrmaschine stehen darf.

7. Besprechung der Werkstücke

- Was ist besonders gelungen?
- Was könnte beim nächsten Mal besser gemacht werden?
- Wo gab es Probleme/Schwierigkeiten?
- evtl. schriftliche Wiederholung der Sicherheitsregeln

8. Austeilen des Bohrmaschinenführerscheins *(Kopiervorlage S. 23)*

Mögliche Ausweitungen/Verknüpfungen:

Die Einheit Holz bietet verschiedene Anknüpfungspunkte zur Berufswegeplanung. So wäre es zu Beginn der Einheit als Motivation denkbar, eine Schreinerei oder Tischlerei zu besuchen. Dies ist ebenso als Abschluss der Einheit, oder zwischendurch denkbar. Als Vorbereitung auf eine solche Berufserkundung wäre eine Internetrecherche zu verschiedenen Holzberufen denkbar.

**ACHTUNG - SICHERHEIT!!*
Bei ausgeschaltetem Strom, damit keine Unfallgefahr bestelt!

Möglicher Verlauf

Phase	geplante Lehreraktivität/ erwartete Schüleraktivität	Ziel	Sozialform/ Methode	Medien
			Lehrgang im:	
Einstieg I	Die Lehrperson zeigt den Schülern das fertige Spiel	Hinführung zum Thema/zur Motivation	Plenum	fertiges Spiel
Erarbeitung I	Die Schüler nennen erste Ideen. Die Lehrperson lenkt das Gespräch auf die Fertigung des Spiels	Vorkenntnisse der Schüler aktivieren, weiteren Stundenverlauf anbahnen	Plenum	
	Die Lehrperson erteilt den Schülern den Auftrag, in Gruppen die einzelnen Arbeitsschritte in der richtigen Reihenfolge zu erarbeiten	Planungsfähigkeit der Schüler schulen	Gruppenarbeit	
Besprechung	Die Lösungen der Schüler werden besprochen und ein gemeinsames Vorgehen an der Tafel festgehalten	Schülerleistungen würdigen, mögliche Denkfehler aufdecken und konstruktiv nutzen	Plenum	Tafel
Überleitung (Einstieg II)	Problem: „Wie bekommen wir die Löcher für unser Spiel?“ Die Schüler werden auf die Bohrmaschine verwiesen. Die Lehrperson bringt den Bohrmaschinenführerschein ins Spiel.	Problemstellung verbalisieren	Plenum	
Erarbeitung II	Die Schüler überlegen, was beim Arbeiten mit der Standbohrmaschine alles passieren kann (bzw. was man beachten muss) und schreiben ihre Ideen auf Kärtchen. ⇨ Ergebnisse werden gesammelt, eventuell von der Lehrperson ergänzt; fehlende Begriffe der Bohrmaschine werden eingeführt. ⇨ Lehrerdemo an der Bohrmaschine, was mit Haaren bzw. Kleidung/Schal passieren kann.	vorausschauendes Denken schulen, Sicherheitsbewusstsein entwickeln/ schulen	Partnerarbeit Plenum	Kärtchen Lappen
Einstieg III	Wiederholung der Sicherheitsregeln mit Hilfe eines Rollenspiels: Die Schüler überlegen sich in Gruppen (2 oder 3 Schüler) ein Standbild an der Bohrmaschine, in das sie <u>EINEN</u> Fehler einbauen, die anderen Schüler müssen den Fehler erkennen			

KOHL VERLAG TECHNIK fachfremd unterrichten
Leichte Einstiege sofort umsetzbar – Bestell-Nr. 11 240

Phase	geplante Lehreraktivität/ erwartete Schüleraktivität	Ziel	Sozialform/ Methode	Medien
Erarbeitung III	Teile der Standbohrmaschine benennen – die Schüler sortieren Kärtchen an der Bohrmaschine (wenn vorhanden, in zwei Gruppen an zwei verschiedenen Maschinen als Wettkampf!). Ergebnisse werden besprochen, evtl. Punkte an die Gruppen für richtige Lösungen vergeben. Die Begriffe werden auf das Arbeitsblatt übertragen.	Begriffe kennenlernen, Spielcharakter zur Motivation Sicherung	Gruppenarbeit Plenum Einzelarbeit	Teile der Bohrmaschine auf Kärtchen (Kopiervorlage S. 13), Tesa/ Kleber
Lehrerdemo	Die Lehrperson zeigt, wie der Bohrer ausgewählt und eingespannt wird und wie richtig gebohrt wird. Die Schüler wiederholen alles, was sie sich gemerkt haben. An der Tafel wird alles gesammelt und festgehalten.		Plenum	Standbohrmaschine, Holzbohrer, Spannschlüssel, Messschieber, Tafel
Vertiefung/ Übung	Die Schüler bohren nacheinander in ein Probestück, jeweils mit Aus- und Einspannen, alle anderen achten auf das Einhalten der Sicherheitsregeln.		Einzelarbeit/ Plenum	
Fertigung I	Die Schüler beginnen mit der Fertigung ihres Solo-Halmas.		Partnerarbeit	Holzbretter in der richtigen Größe für das Solo-Halma
Festigung	Wiederholung der Bedienung der Bohrmaschine mit Sicherheitsregeln	Sicherung des Gelernten	Plenum	
Fertigung II	Die Schüler fertigen ihr Solo-Halma.			
Abschluss der Einheit	Die Schüler stellen ihr Spiel fertig (bzw. Schleifen, Testen ⇨ siehe Differenzierung)			Dübel (Durchmesser 4)
	Besprechung der einzelnen Werkstücke			
	Austeilen der Bohrmaschinenführerscheine			Bohrmaschinenführerschein (Kopierv. S. 23)

KOHL VERLAG
TECHNIK fachfremd unterrichten
Leichte Einstiege sofort umsetzbar – Bestell-Nr. 11 240

Was unbedingt zu beachten ist

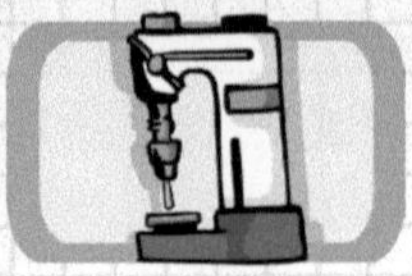
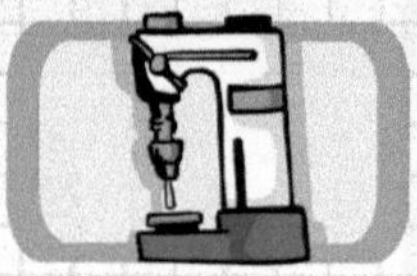

Sicherheitshinweise für das Arbeiten an der Tischbohrmaschine

- ➔ Lange Haare müssen zusammengebunden werden (da sie sich in der Bohrmaschine verfangen könnten).
- ➔ Weite Ärmel, lose Kleidung, Schals, Tücher, Kordeln von Pullover, Sweat-Jacke etc. sind beim Arbeiten an der Bohrmaschine aus dem gleichen Grund verboten.
- ➔ Schmuck (Armbänder, Uhr, Ohrringe, Ketten etc.) sind beim Arbeiten im Technikraum generell abzulegen.
- ➔ Es darf sich nur die arbeitende Person im Sicherheitsbereich (Markierung auf dem Boden) aufhalten.
- ➔ Eine Schutzbrille ist zu tragen.
- ➔ Vor dem Bohren ist die Schutzklappe (wenn vorhanden) an der Bohrmaschine zu schließen (⇨ viele Bohrmaschinen lassen sich ohne geschlossene Schutzklappe nicht starten!).
- ➔ Der Bohrer muss fest eingespannt sein.
- ➔ Das Werkstück muss fest eingespannt sein (der Schraubstock wird mit einer Hand zusätzlich gesichert).
- ➔ Es dürfen keine defekten Bohrmaschinen verwendet werden, das heißt, die Riemen müssen in Ordnung sein, die Ummantelung der Kabel unbeschädigt, das Bohrfutter fest ...

TECHNIK fachfremd unterrichten – Bestell-Nr. 11 240
Leichte Einstiege sofort umsetzbar
KOHL VERLAG

Teile der Tischbohrmaschine

▲ **<u>Aufgabe 1</u>:** *Trage die folgenden Begriffe an den richtigen Stellen ein.*

Schutzhaube – Motor – Bohrmaschinenfuß – Schalter – Bohrer – Bohrtisch – Höhenverstellung – Bohrfutter – Tiefeneinstellung

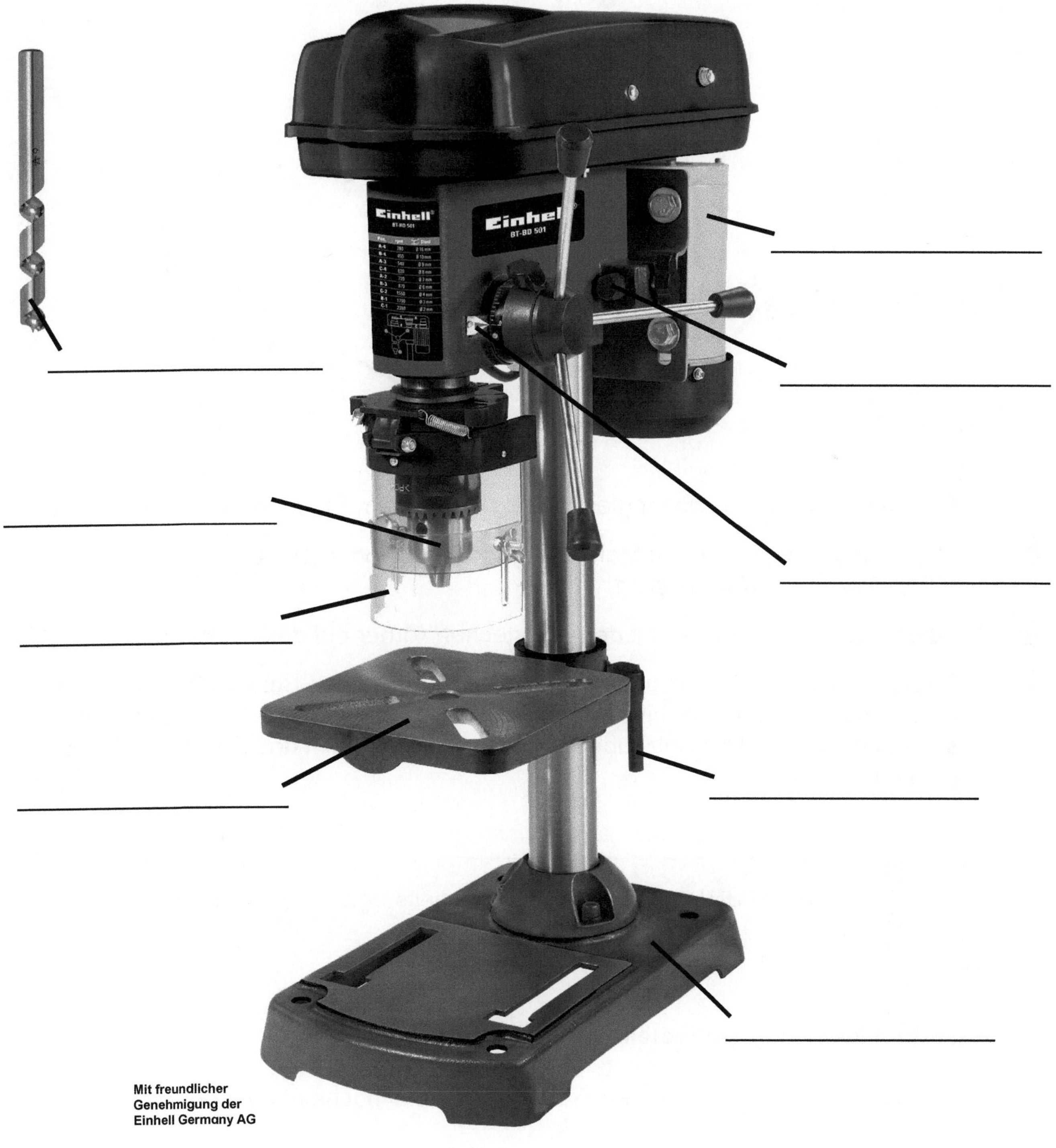

Mit freundlicher Genehmigung der Einhell Germany AG

TECHNIK fachfremd unterrichten – Bestell-Nr. 11 240
Leichte Einstiege sofort umsetzbar
KOHL VERLAG

Fertigung eines Solo-Halma-Spiels

Für das Solo-Halma-Spiel benötigst du ein Holzbrett mit diesen Maßen:

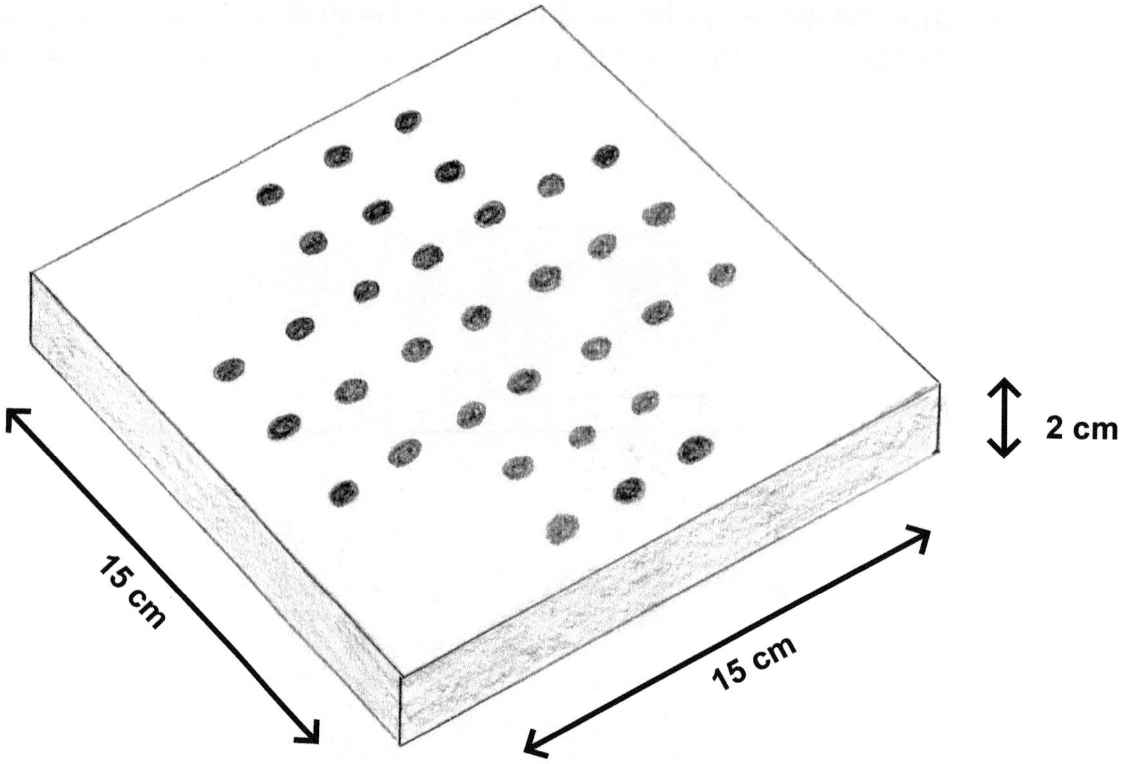

- ♦ ⇨ Überlege, wie du die Löcher gleichmäßig auf deinem Spielbrett verteilen kannst.
- ♦ ⇨ Fertige eine Skizze mit den Markierungen für die Bohrlöcher an. *(Tipp: Verwende Karo-Papier!)*
- ▲ ⇨ Übertrage die Bohrlöcher mit dem Vorstecher/Körner auf dein Spielbrett.
- ♦ ⇨ Bevor du mit dem Bohren beginnst, spanne den richtigen Bohrer (Durchmesser 4,2) in die Tischbohrmaschine ein und stelle die Tiefe der Bohrlöcher (Tiefenanschlag) richtig ein. Der Holzdübel/Spielstein soll 1,5 cm in das Spielbrett hineinpassen.

ACHTUNG: Beachte die Sicherheitsregeln beim Bohren!

Hast du alles richtig eingestellt und überprüft?

- ♦ Dann kannst du die Löcher für dein Solo-Halma-Spiel nacheinander bohren.

KOHL VERLAG TECHNIK fachfremd unterrichten Leichte Einstiege sofort umsetzbar – Bestell-Nr. 11 240

Solo-Halma-Spiel

Anordnung der Bohrlöcher:

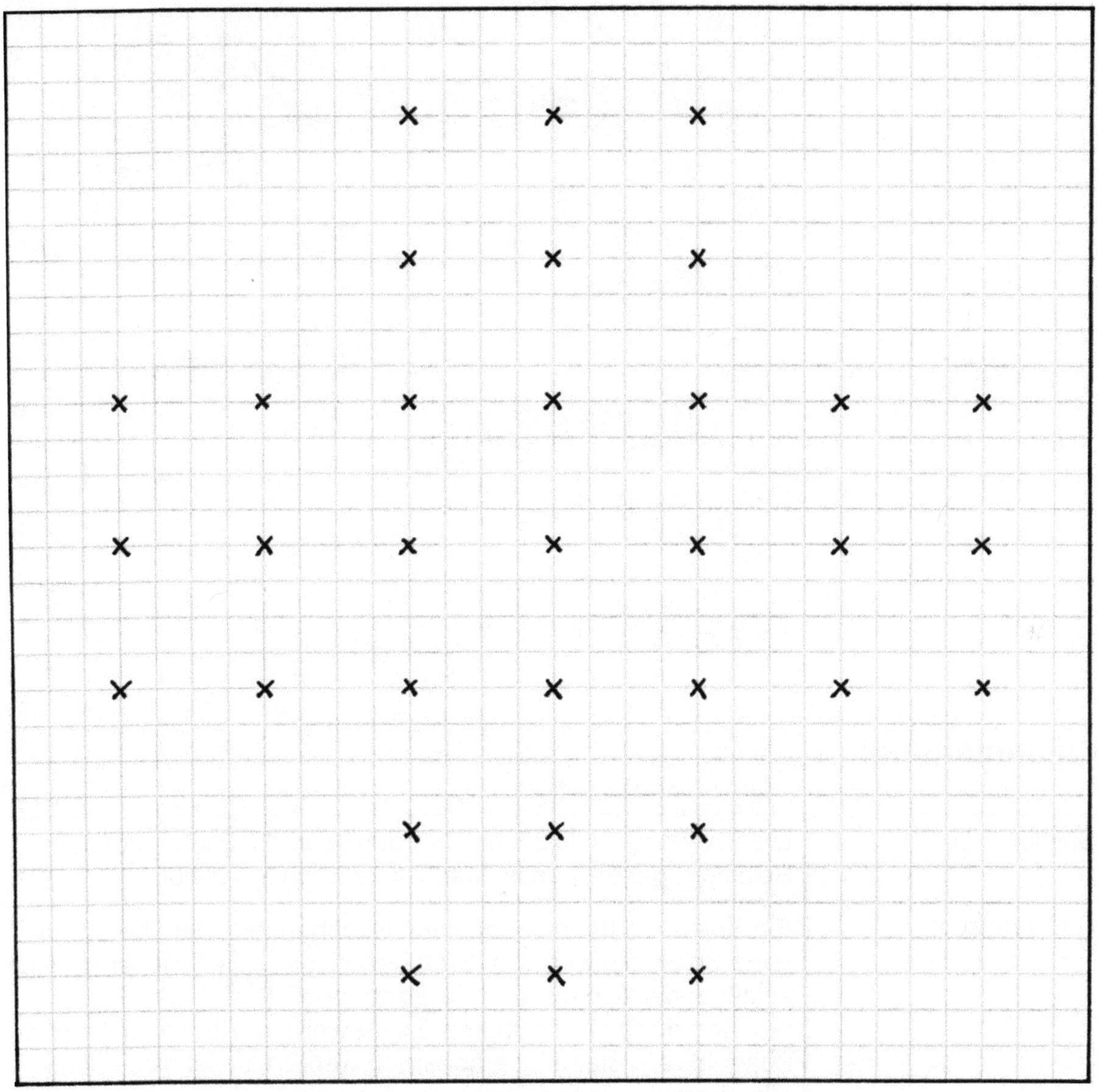

KOHL VERLAG
TECHNIK fachfremd unterrichten
Leichte Einstiege sofort umsetzbar – Bestell-Nr. 11 240

Solo-Halma

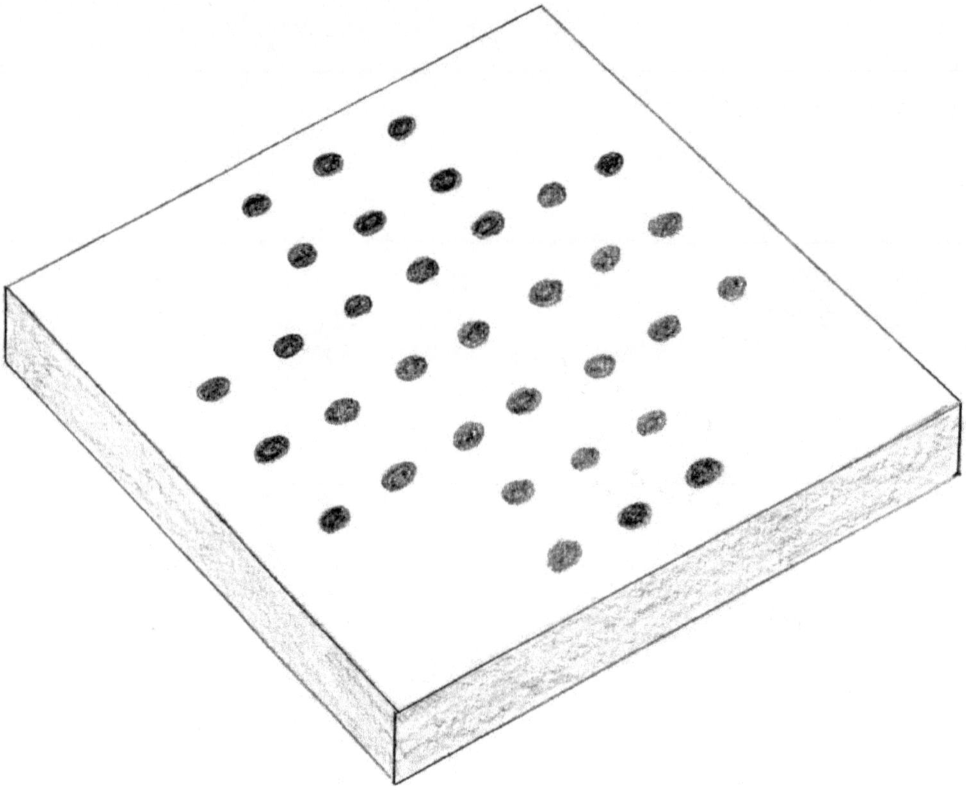

Spielanleitung:

Spielbeginn:	Die Spielsteine (Holzdübel) werden so in die Löcher auf dem Spielbrett gesetzt, dass das mittlere Loch frei bleibt.
Der Spielzug:	Ein Spielstein überspringt einen Nachbarstein; der übersprungene Spielstein wird vom Brett genommen. Dies wiederholt sich solange, bis kein weiterer Spielzug möglich ist. Leere Felder (Löcher) dürfen nicht übersprungen werden. Können mit einem Zug mehrere Steine übersprungen werden, so ist dies erlaubt; alle übersprungenen Steine werden vom Brett genommen.
Ziel des Spiels:	Liegt nur noch ein einziger Stein in der Mitte des Spiels, ist das Spiel gewonnen. Endet der letzte Stein nicht in der Mitte oder bleibt mehr als 1 Stein übrig, so beginnt das Spiel von neuem.
Anmerkung:	Es sind 32 Steine auf dem Spielbrett, das heißt, es können maximal 31 Spielzüge ausgeführt werden.

TECHNIK fachfremd unterrichten
Leichte Einstiege sofort umsetzbar – Bestell-Nr. 11 240
KOHL VERLAG

Bohrmaschinenführerschein

BOHRMASCHINEN-FÜHRER-SCHEIN

____
(Name des Schülers)

hat am ____________________ seine/ihre Kenntnisse und Fähigkeiten an der Tischbohrmaschine bewiesen.

____
(Unterschrift der Lehrperson)

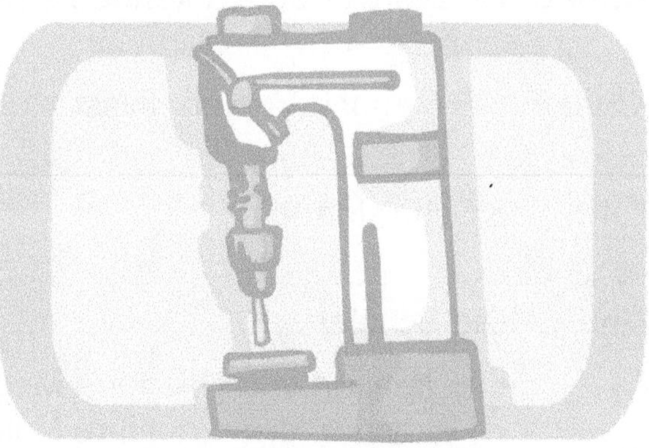

BOHRMASCHINEN-FÜHRER-SCHEIN

____
(Name des Schülers)

hat am ____________________ seine/ihre Kenntnisse und Fähigkeiten an der Tischbohrmaschine bewiesen.

____
(Unterschrift der Lehrperson)

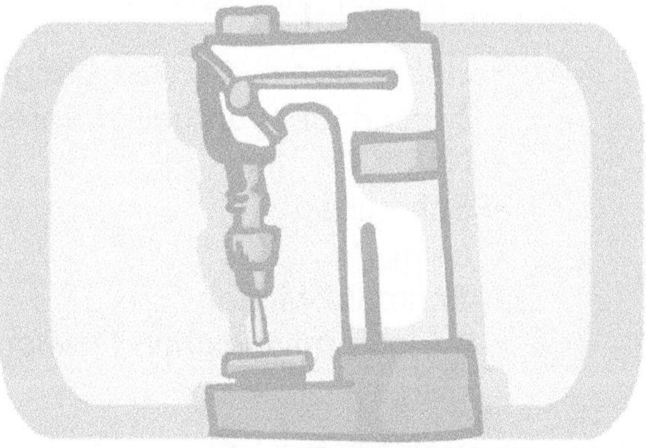

BOHRMASCHINEN-FÜHRER-SCHEIN

____
(Name des Schülers)

hat am ____________________ seine/ihre Kenntnisse und Fähigkeiten an der Tischbohrmaschine bewiesen.

____
(Unterschrift der Lehrperson)

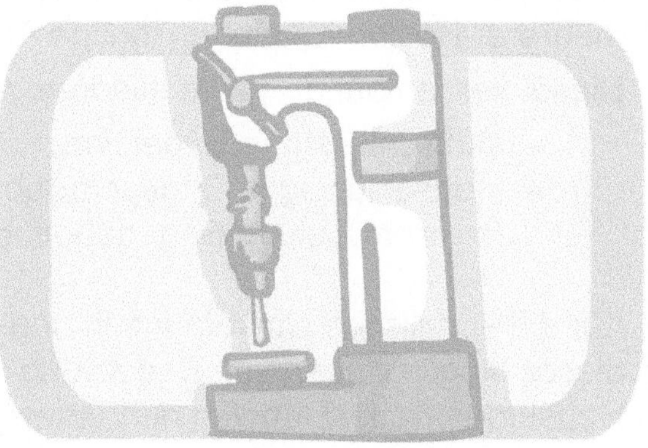

BOHRMASCHINEN-FÜHRER-SCHEIN

____
(Name des Schülers)

hat am ____________________ seine/ihre Kenntnisse und Fähigkeiten an der Tischbohrmaschine bewiesen.

____
(Unterschrift der Lehrperson)

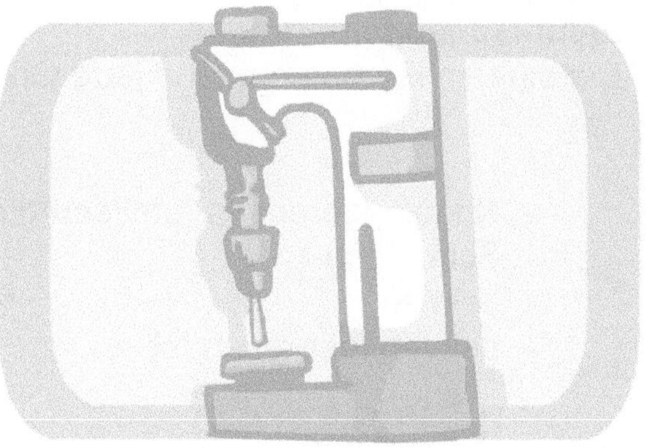

KOHL VERLAG TECHNIK fachfremd unterrichten Leichte Einstiege sofort umsetzbar – Bestell-Nr. 11 240

Holzverbindungen

Thema: Holzverbindungen kennenlernen

Klasse: 5-8 (je nach Vorkenntnissen als Einführung oder Wiederholung)

Zeit: 3 Schulstunden

Ziel: Die Schüler ...

- ... kennen verschiedene Möglichkeiten für Holzverbindungen.
- ... können diese auf ihre Haltbarkeit und Anwendung hin beurteilen.

Benötigtes Material:

- Holzleisten in gleicher Länge (pro Schülergruppe mindestens 2 und 8 für eventuelle Lehrerdemonstration)
- Nägel
- Schrauben
- Leim
- Schraubzwingen
- 4 Eimer mit gleichen Gewichten (Metallabfälle oder z.B. Rollsplitt)

Informationen für die Lehrperson:

Als Holzverbindung bezeichnet man die dauerhafte Verbindung zweier oder mehrerer Hölzer. Es gibt unzählige Arten von solchen Verbindungen.

Diese werden auf drei verschiedene Arten unterschieden:

- stoffschlüssig (z.B. geleimt)
- kraftschlüssig (z.B. geschraubt, genagelt)
- formschlüssig (z.B. gedübelt, gezinkt)[1]

Für die schulische Umsetzung in den unteren Stufen sind allerdings nur einige dieser Möglichkeiten von Bedeutung: Nägel, Leim, Leim gepresst, Schrauben und Holzdübel, wobei Dübel in den unteren Klassen eher selten Verwendung finden.

Um herauszufinden, welche Holzverbindung am Besten hält, eignet sich ein **technisches Experiment**.
Bei diesem Experiment führt jede Gruppe eine andere Holzverbindung durch.

- Nageln (gerade [a] und schräg [b])
- Schrauben
- Leimen
- Leimen (gepresst) [c]

a

b

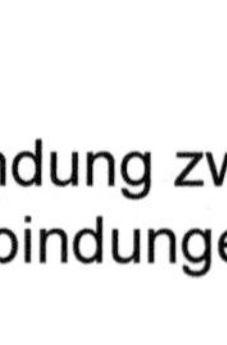

c

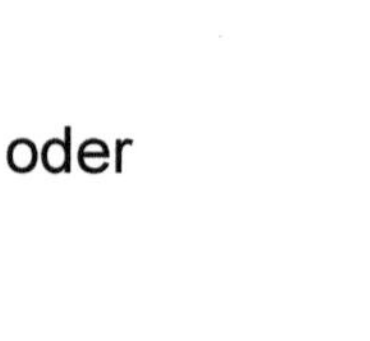

[1] http://www.v.hdm-stuttgart.de/seminare/nwtd/partsch/holzverbindungen.htm

KOHL VERLAG TECHNIK fachfremd unterrichten Leichte Einstiege sofort umsetzbar – Bestell-Nr. 11 240

Hierbei ist darauf zu achten, dass alle Holzleisten gleich lang sind und gleich lang übereinander liegen.

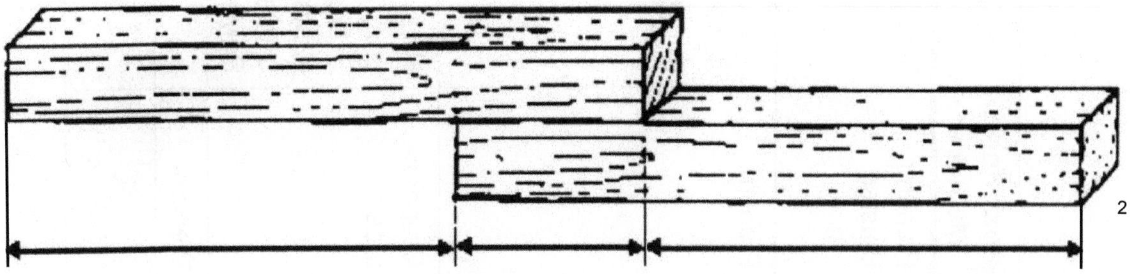

2

ACHTUNG: Unterschiedliche Abstände verfälschen das Ergebnis (Hebelgesetz!)

Wenn alle fertig sind, spannt man die verbundenen Holzleisten in Schraubstöcke und hängt gleichzeitig an die jeweils vordere Leiste einen Eimer mit jeweils gleichem Gewicht (Metallabfall/Rollsplitt eignet sich hierfür gut).

Die Gruppen stoppen die Zeit, bis ihre Holzverbindung „aufgibt". Dies kann unter Umständen eine bis eineinhalb Schulstunden dauern. Daher empfiehlt es sich, für die Wartezeit kleine Aufgaben bereit zu stellen.

Holzverbindungen im Vergleich:

Beim **Nageln** hält die schräge Variante besser, als wenn die Nägel gerade in das Holz geschlagen werden. Bei der geraden Variante können die Schüler gut beobachten, dass die Nägel in dem Test durch das Gewicht einfach aus dem Holz herausgezogen werden. Dies wird bei der schrägen Variante ebenfalls passieren, allerdings etwas später und die Nägel sind nicht mehr gerade.

Schraubverbindungen halten besser als genagelte, allerdings wird sich, je nach Holzart auch diese Verbindung unter dem Gewicht lösen und die Schrauben werden aus dem Holz ausbrechen.

Geleimte Holzverbindungen lassen sich ohne Schäden am Holz nicht wieder voneinander lösen. Die nicht gepresste Variante wird dem Gewicht nicht lange Stand halten, die gepresste Variante wird so lange halten, bis die Fasern des Holzes splittern. Das heißt, dass sich die Holzverbindung an sich nicht löst, sondern die Holzfasern kaputt gehen. Dies kann man die Schüler nach dem Test selber entdecken lassen, indem sie sich die verschiedenen Holzleisten genau anschauen. Da die Leisten dabei durcheinander kommen könnten, empfiehlt es sich, die Leisten zu markieren.

[2] http://www.ls-bw.de/Archiv%20Tasci/publikationen/online/sonst/holz_s.pdf

KOHL VERLAG TECHNIK fachfremd unterrichten Leichte Einstiege sofort umsetzbar – Bestell-Nr. 11 240

Möglicher Verlauf

Phase	geplante Lehreraktivität	erwartete Schüleraktivität	Sozialform/ Methode	Medien
Einstieg	- „Nennt mir verschiedene Möglichkeiten, wie man Holz mit Holz verbinden kann.“ - „Schreibt Schülerbeiträge auf.“	- Dübel, Schrauben, Nägel, Leim, Zapfen, Fische, Nut und Feder ...)	Plenum/ Cluster	Tafel, Kärtchen
Vertiefung	- „Zeigt vier verschiedene Holzverbindungen.“ *Nägel, Schrauben, Leim, Leim gepresst* - „Was glaubt ihr, welche Verbindung am Besten hält?“ - Umfrageergebnisse als Strichliste an die Tafel schreiben. - „Hat jemand eine Idee, wie wir das überprüfen können?“	- Die Schüler erkennen verschiedene Verbindungen und benennen diese. - Die Schüler nennen unterschiedliche Verbindungen. - Die Schüler überlegen sich selbst einen Test zur Haltbarkeit (mit Unterstützung der Lehrperson)	Plenum	Tafel, verschiedene Holzverbindungen
Erarbeitung		- Durchführung des Tests in vier Gruppen (jede Gruppe eine Verbindung)	Gruppenarbeit	Holzverbindungen, Waage, Schraubstock, Gewichte, evtl. Uhr, evtl. Stift und Papier
Festigung	- Auswertung der Gruppenarbeit	- Vorstellung der Testergebnisse	Plenum	
Aufräumen		- Gemeinsames Aufräumen und Saubermachen		

Grundlagen

Unter Elektronik (Lehre von der Steuerung von Elektronen) wird zweierlei verstanden:

1. diejenige Disziplin der Physik, die sich mit dem Verhalten elektrischer Ladungen in Gasen, Leitern, Halbleitern und im Vakuum befasst;
2. den hierauf aufbauenden Teilbereich der Elektrotechnik.

Letzterer befasst sich insbesondere mit der Entwicklung, Modellierung und Anwendung von elektronischen Bauelementen.[1]

Elektrische Spannung U

Kennzeichen von Spannungsquellen sind immer zwei Pole mit unterschiedlichen Ladungen. Der Pluspol hat einen Mangel an Elektronen, der Minuspol dagegen einen Überschuss. Die elektrische Spannung U gibt dabei den Unterschied der Ladungen an. Bei Verbindung dieser Pole fließt der Strom durch die dadurch ausgelöste Entladung.

Messen der elektrischen Spannung

Die elektrische Spannung wird von einem Spannungsmessgerät gemessen. Es wird parallel zur Spannungsquelle oder zum Verbraucher angeschlossen.

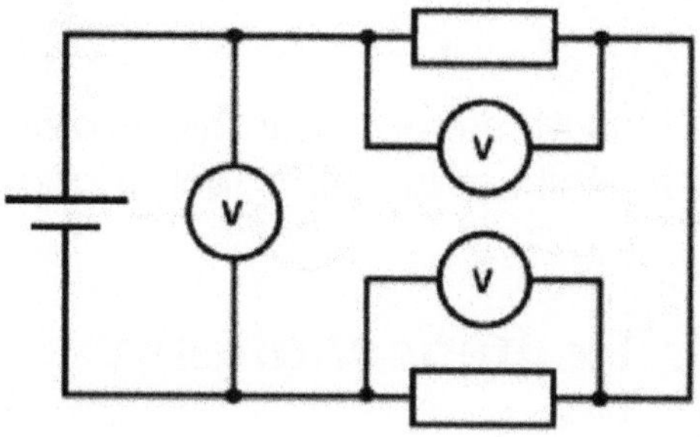

Elektrischer Strom/Elektrische Stromstärke

Hinter der Kurzbezeichnung Strom verstecken sich die Begriffe elektrischer Strom oder elektrische Stromstärke und meint die Übertragung elektrischer Energie. Elektronen und Ionen als freie Ladungsträger bewegen sich gezielt und gerichtet als elektrischer Strom. Er kann allerdings nur fließen, wenn sich zwischen zwei verschiedenen Ladungen in einem leitfähigen Material wie z.B. Metall oder Flüssigkeit genügend Ladungsträger befinden.

[1] http://www.de.wikipedia.org/wiki/Elektronik

KOHL VERLAG TECHNIK fachfremd unterrichten Leichte Einstiege sofort umsetzbar – Bestell-Nr. 11 240

Stromrichtung

In der Darstellung einer Schaltung wird die Richtung des Stroms mit einem Pfeil festgehalten.

Technische Stromrichtung:

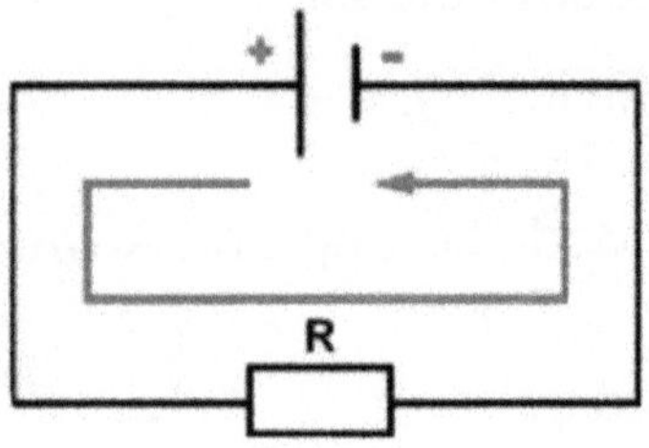

Physikalische Stromrichtung:

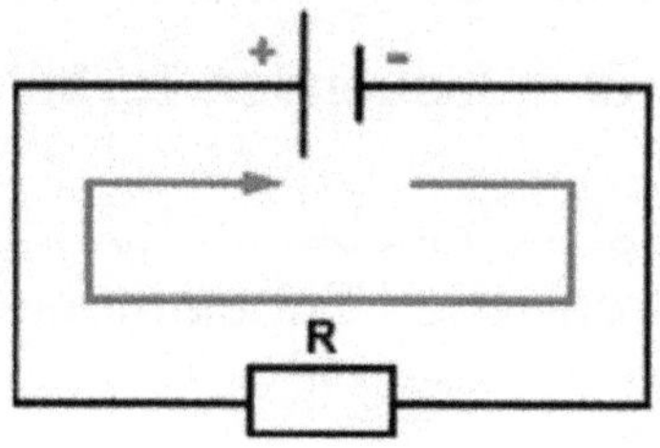

Messen des elektrischen Stroms

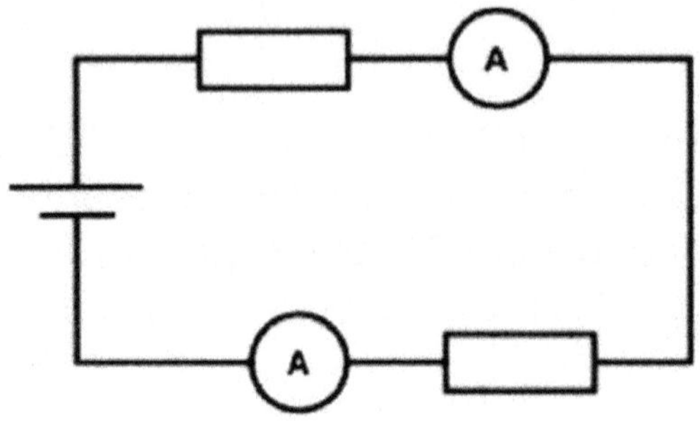

Das Messgerät, durch das der Strom während der Messung fließt, wird grundsätzlich in Reihe zum Verbraucher angeschlossen.

I. Reihenschaltung

Fließt durch alle Widerstände der gleiche Strom, spricht man von einer Reihenschaltung. Dabei wird die Summe der Einzelspannung Gesamtspannung (U_{ges}) genannt. Sind die Widerstände hintereinander geschaltet, spricht man von einer Serienschaltung.

Verhalten des Stroms

In der Reihenschaltung ist die Stromstärke an allen Punkten gleich groß.

$$I_{ges} = I_1 = I_2 = I_3 = \ldots$$

Verhalten der Spannungen

Die Summe der Teilspannungen entspricht der Größe der Gesamtspannung.

$$U_{ges} = U_1 + U_2 + U_3 + \ldots$$

Widerstand

Die Summe der einzelnen Reihenwiderstände ergibt den Gesamtwiderstand einer Reihenschaltung. Er wird auch Ersatzwiderstand R_{ers} (R_E) genannt, da er die Summe der Teilwiderstände angibt.

$$R_{ges} = R_1 + R_2 + R_3 + \ldots$$

II. Parallelschaltung

Wird jeder Zweipol an dieselbe Spannung angeschlossen und unabhängig von einem anderen Zweipol geschaltet, ist eine Parallelschaltung von Widerständen gegeben.

Verhalten der Spannungen

Eine Parallelschaltung ist gekennzeichnet von der gleichen Spannung an allen Widerständen.

$$U_{ges} = U_1 = U_2 = U_3 = \ldots$$

Verhalten des Stroms

Am Verzweigungspunkt der Widerstände teilt sich der Gesamtstrom (I_{ges}) in mehrere Teilströme auf, deren Summe gleich dem Gesamtstrom ist.

$$I_{ges} = I_1 = I_2 = I_3 = \ldots$$

TECHNIK fachfremd unterrichten
Leichte Einstiege sofort umsetzbar – Bestell-Nr. 11 240
KOHL VERLAG

Widerstand

Die Verkleinerung des Gesamtwiderstandes bei gleichbleibender Spannung wird folgendermaßen erreicht:

- der Gesamtwiderstand der Parallelschaltung ist kleiner als der kleinste Einzelwiderstand und
- durch jeden Parallelwiderstand steigt der Gesamtstrom an.

$$\frac{1}{R_{ges}} = \frac{1}{R_1} + \frac{1}{R_2} + \frac{1}{R_3} + \dots$$

➔ Der Leitwert steigt, da mit jedem weiteren Parallelwiderstand der Stromkreis besser leitet.

$$G_{ges} = G_1 + G_2 + G_3 + \dots$$

Verhältnisse am Beispiel zweier parallel geschalteter Widerstände

Die unterschiedlichen Widerstände sorgen für unterschiedliche Teilströme, da wie vorher beschrieben eine Parallelschaltung von der gleichen Spannung an allen Widerständen gekennzeichnet ist. Die Ströme verhalten sich umgekehrt zu ihren Widerstandswerten: Der stärkste Strom fließt durch den Widerstand mit dem kleinsten Wert und umgekehrt.

$$\frac{R_1}{R_2} = \frac{I_2}{I_1}$$

III. Festwiderstand/Festwiderstände

Festwiderstände haben einen nicht einstellbaren festen Widerstandswert mit der Einheit Ω (Ohm) und das Formelzeichen R für das englische Wort Resistor. Die Bauform von Festwiderständen ist unterschiedlich. Wir unterscheiden zwischen Drahtwiderständen und verschiedenen Schichtwiderständen aus z.B. Kohle, Metalloxid, Metall und SMD-Metall. Der Widerstandswert in Ω wird festgelegt durch die internationalen Farbcodes mit Vierfach- bzw. Fünffachberingung, die ausschließlich nach der international gültigen IEC-Normreihe hergestellt werden. Bei Erreichen eines bestimmten Widerstandswertes muss ein einstellbarer Widerstand eingesetzt werden, da es diese Normreihe nicht mit jedem Widerstandswert gibt.

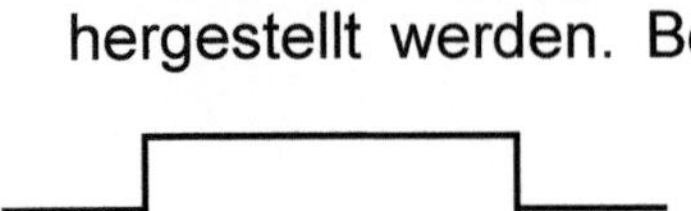

Schaltzeichen

IV. Veränderbare und einstellbare Widerstände

Die Veränderung der Widerstandswerte erfolgt in der Regel mechanisch und hängt von der Bauform ab. Dabei wird der Höchst- bzw. Kleinstwert mittels eines Schiebers oder einer Drehachse erreicht. Die durch Drehen einer Achse einstellbaren Widerstände werden Potentiometer genannt, in Kurzform Poti. Der Kleinstwert kann z.B. o Ω (Ohm) ergeben, der Höchstwert ergibt sich aus der Widerstandsbezeichnung.

Schaltzeichen

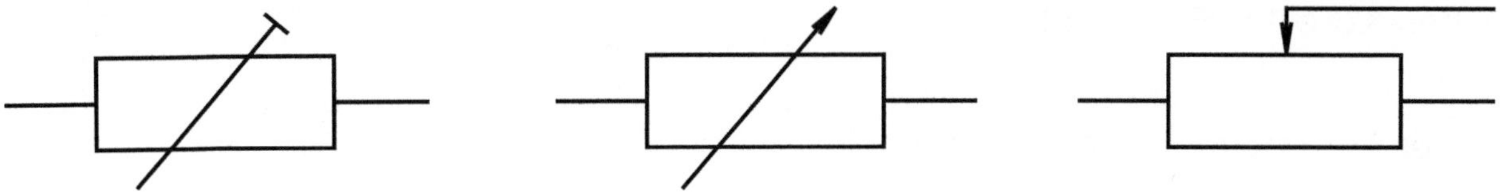

V. LDR-Fotowiderstand

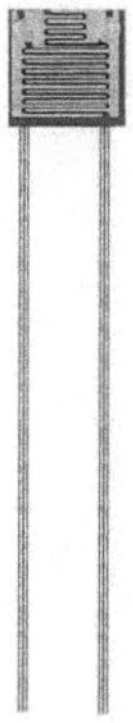

LDR (Light Dependet Resistor) ist ein Halbleiter und bezeichnet einen Fotowiderstand mit lichtabhängigem Widerstandswert. Er folgt der Formel: je mehr Licht, desto kleiner der Widerstand und desto größer der elektrische Strom. Je nach Halbleitermischung fällt dieser Effekt unterschiedlich stark bzw. schwach aus. Die Verzögerung dieses relativ trägen Vorgangs dauert mehrere Millisekunden.

Schaltzeichen

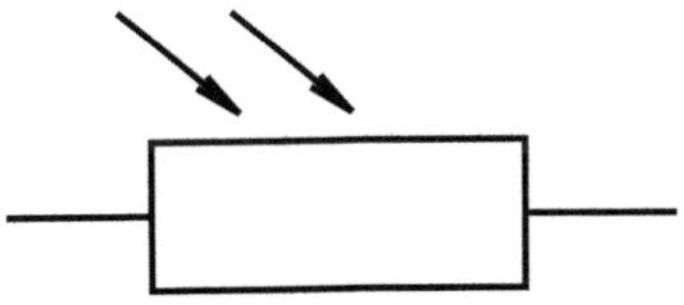

Informationen für den Lehrer

VI. Der npn-Transistor

Transistoren sind durch die drei Anschlüsse Basis (B), Kollektor (C) und Emitter (E) gekennzeichnet. Der Übergang von Emitter und Kollektor, an die der Stromkreis angeschlossen wird, ist durch den gegebenen Aufbau des Transistors gesperrt. Bei schon geringer Stromzufuhr in die Basis werden zwei Anwendungsvarianten aktiviert:

- der Transistor als Schalter
- der Transistor als Verstärker

Der Transistor als Schalter

Die Strecke Emitter - Kollektor wird leitend bzw. nicht leitend beim An- bzw. Ausschalten des Basisstroms. Schon eine geringe Zufuhr des Basisstroms schaltet einen hohen Kollektor-Emitter-Strom.

Der Transistor als Verstärker

Ein Potentiometer reguliert die Zufuhr des Basisstroms und ermöglicht und steuert eine mehr oder weniger leitende Emitter-Kollektor-Strecke.

Schaltzeichen

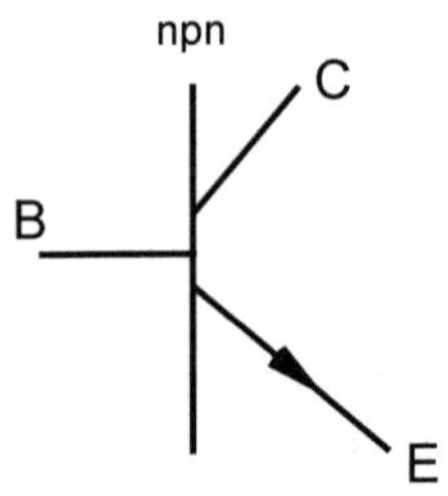

KOHL VERLAG TECHNIK fachfremd unterrichten Leichte Einstiege sofort umsetzbar – Bestell-Nr. 11 240

Informationen für den Lehrer

Der einfache Stromkreis

Thema: Die einzelnen Komponenten eines einfachen Stromkreises kennenlernen

Klasse: 5-8 (je nach Vorkenntnissen als Einführung oder Wiederholung)

Zeit: 2-4 Schulstunden

Ziel: Die Schüler ...

- ... kennen die einzelnen Komponenten eines einfachen Stromkreises.
- ... können einen einfachen Stromkreis aufbauen.
- ... können Parallel- und Reihenschaltung unterscheiden.
- ... kennen die unterschiedlichen Funktionsweisen bei der Reihen- und Parallelschaltung.

Benötigtes Material:

„Bringt die Glühlampe zum Leuchten"/Der einfache Stromkreis (pro Schülergruppe)

- 1 Glühlampe mit Fassung
- 1 Flachbatterie
- 2 Kabel (Krokodilklemmkabel)
- Büroklammern zur Differenzierung

Die Reihenschaltung/Die Parallelschaltung (pro Schülergruppe)

- 3 Glühlampen mit Fassung
- 8 Kabel (Krokodilklemmkabel)
- 1 Flachbatterie
- 1 Schalter

Informationen für die Lehrperson:

Das folgende Kapitel umfasst eine Einführung in den einfachen Stromkreis, sowie eine Wiederholung des einfachen Stromkreises, der Reihen- und Parallelschaltung. Die Kopiervorlage „Bringt die Glühlampe zum Leuchten" eignet sich für die Klassenstufen 5 und 6 als erste problemorientierte Auseinandersetzung. Höhere Klassenstufen, oder als Wiederholung arbeiten besser mit der Kopiervorlage „Der einfache Stromkreis/Die Reihenschaltung/Die Parallelschaltung". Zu jedem dieser Arbeitsaufträge liegen, falls zur Wiederholung eingesetzt, Tipp-Kärtchen vor, die besonders schwächeren Schülern bei der Aufgabenbearbeitung helfen sollen. Die Tipp-Kärtchen beginnen mit einfachen Tipps und geben gestaffelt immer mehr Hilfestellung. Sie können entscheiden, welches Tipp-Kärtchen für welche Gruppe das passende ist, das heißt, nicht jede Gruppe bekommt überhaupt ein Tipp-Kärtchen und nicht jede Gruppe beginnt mit dem ersten Tipp-Kärtchen.

KOHL VERLAG TECHNIK fachfremd unterrichten Leichte Einstiege sofort umsetzbar – Bestell-Nr. 11 240

Die Kopiervorlage „Bringt die Glühlampe zum Leuchten" hält für schnellere Gruppen eine weiterführende Ingenieursaufgabe zur Differenzierung bereit. Die Schüler sollen versuchen, mithilfe von zwei Büroklammern einen Schalter in ihre Schaltung einzubauen. Dies gelingt, indem man den einfachen Stromkreis z.B. an der Glühlampe unterbricht und an die Fassung eine Büroklammer steckt. Die andere Büroklammer klemmt man in die Krokodilklemme des Kabels und biegt diese nach oben. Nun legt man diese Büroklammer so über die andere, dass der Stromkreis durch leichtes Draufdrücken auf die obere Klammer geschlossen wird. Die Schüler kommen bestimmt auch noch auf andere kreative Lösungen dieser Aufgabe.

Als weiterführende Einheit bietet sich die Fertigung des Spiels „Der heiße Draht" an.

Möglicher Verlauf

„Bringt die Glühlampe zum Leuchten!"

Phase	geplante Lehreraktivität/erwartete Schüleraktivität	Ziel	Sozialform/ Methode	Medien
Begrüßung				
Einstieg	„Was ist Strom?"	Vorerfahrungen aktivieren	Brainstorming	Tafel
Erarbeitung I	Einzelteile zeigen und benennen: Glühlampe (Verbraucher) Kabel (Stromleitung) Batterie (Stromquelle) Schalter	Kennenlernen bzw. Vertiefen der Bezeichnungen der Bauteile	Plenum	Glühlampe Kabel Batterien Schalter ...
Erarbeitung II	Arbeitsblatt „Bringt die Glühlampe zum Leuchten" erarbeiten eventuell Tipp-Kärtchen Differenzierung: „Versucht eine weitere Glühlampe/einen Schalter in eure Schaltung mit einzubauen."	Individualisierung	Partner-/ Gruppenarbeit	Glühlampe Kabel Batterien Schalter ...

KOHL VERLAG TECHNIK fachfremd unterrichten
Leichte Einstiege sofort umsetzbar – Bestell-Nr. 11 240

„Bringt die Glühlampe zum Leuchten!"

Ihr habt verschiedene Materialien zur Verfügung.

◆ **<u>Aufgabe 1</u>:** *Überlegt euch, welche dieser Materialien ihr benötigt, um die Glühlampe zum Leuchten zu bringen. Schreibt eure Vermutung auf:*

____

◆ **<u>Aufgabe 2</u>:** *Holt euch diese Materialien und probiert, ob eure Vermutung stimmt.*

Stimmt eure Vermutung?

JA

NEIN

Versucht den Fehler in eurer Vermutung zu finden. Wenn dies euch nicht gelingt, könnt ihr euch ein TIPP-Kärtchen abholen.

Versucht eure Schaltung zu zeichnen!
Folgende Symbole sollen euch dabei helfen:

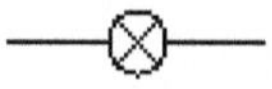

Glühlampe

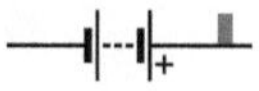

Batterie

Kabel (Stromleitungen)

<u>Zeichnung</u>:

KOHL VERLAG TECHNIK fachfremd unterrichten Leichte Einstiege sofort umsetzbar – Bestell-Nr. 11 240

Was benötigt man, damit eine Glühlampe leuchtet?

♦ **Aufgabe 3:** *Es gibt vier Dinge, die es braucht, damit eine Glühlampe leuchten kann. Habt ihr sie alle herausgefunden?*

1. ______________________________

2. ______________________________

3. ______________________________

4. ______________________________

★ **Ingenieursaufgabe:** Holt euch Büroklammern und versucht damit einen „Schalter" in euren Stromkreis einzubauen.

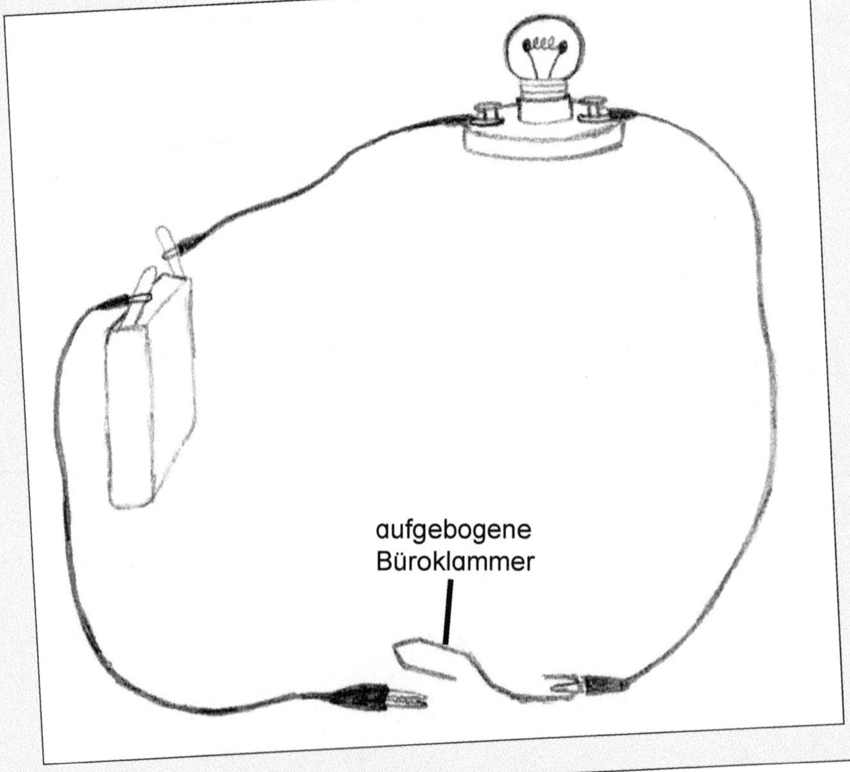

KOHL VERLAG
TECHNIK fachfremd unterrichten
Leichte Einstiege sofort umsetzbar – Bestell-Nr. 11 240

TIPP-Kärtchen I

Benötigte Materialien:

- ⇨ Flachbatterie
- ⇨ 2 Kabel (Leitungen)
- ⇨ 1 Glühlampe mit Fassung

TIPP-Kärtchen II

Verbindet die Einzelteile so:

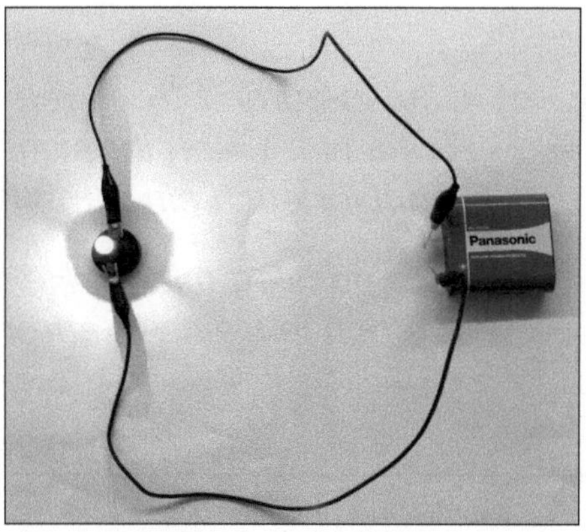

TIPP-Kärtchen III

1. Material (Was habt ihr für eure Schaltung alles benutzt?)

2. Leuchtet die Glühlampe, wenn das Material einfach vor euch auf dem Tisch liegt?

KOHL VERLAG TECHNIK fachfremd unterrichten Leichte Einstiege sofort umsetzbar – Bestell-Nr. 11 240

Der einfache Stromkreis

◆ **Aufgabe 4:** **a)** *Welche Bauteile benötigt ihr für einen einfachen Stromkreis?*

✎ ____

b) *Baut einen einfachen Stromkreis auf. Der folgende Schaltplan hilft euch:*

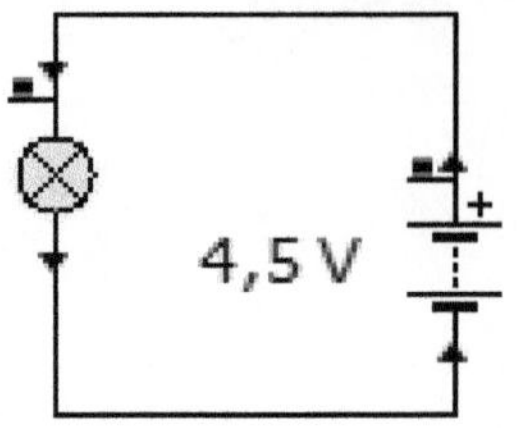

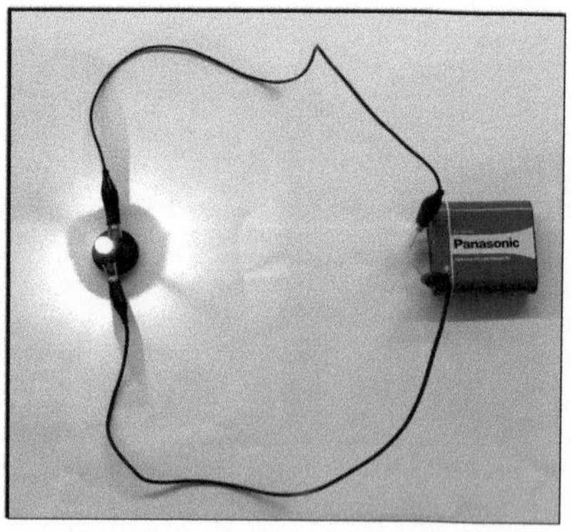

Die Reihenschaltung

◆ **Aufgabe 5:** **a)** *Baut in euren Stromkreis eine weitere Glühlampe (Verbraucher) in Reihe ein. Wenn ihr nicht mehr genau wisst, was in Reihe bedeutet, könnt ihr euch ein TIPP-Kärtchen holen.*

b) *Was passiert mit der Helligkeit der Glühlampe(n), wenn ihr weitere Lampen in Reihe in euren Stromkreis einbaut?*

✎ ____

____

Die Parallelschaltung

◆ **Aufgabe 6:** **a)** *Entfernt bis auf 1 Glühlampe alle übrigen aus eurem Stromkreis. Schließt nun eine weitere Lampe parallel an (auch hier könnt ihr euch bei Bedarf ein TIPP-Kärtchen holen).*

b) *Beobachtet auch hier: Was passiert mit der Helligkeit, wenn ihr mehrere Glühlampen anschließt?*

✎ ____

____

★ **Zusatz:** Versucht den Stromkreis so zu öffnen und zu schließen (wie ein Schalter), dass nur 1 Glühlampe an- bzw. ausgeht und die zweite Glühbirne dauerhaft leuchtet.

TIPP-Kärtchen: Reihenschaltung

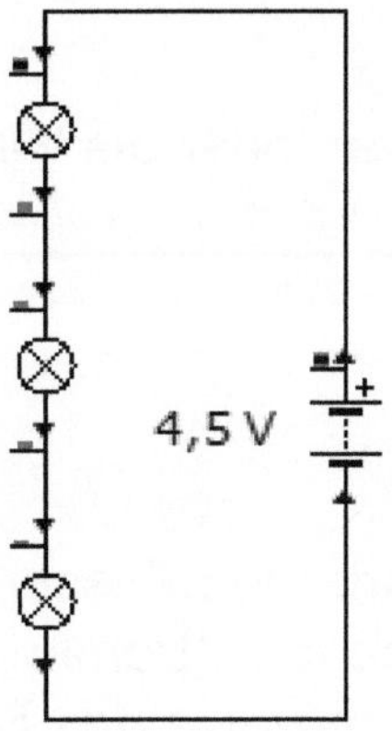

TIPP-Kärtchen: Parallelschaltung

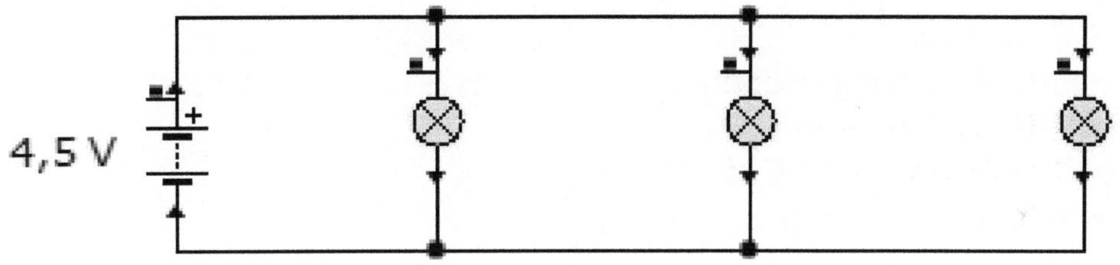

TIPP-Kärtchen: Parallelschaltung mit Schalter

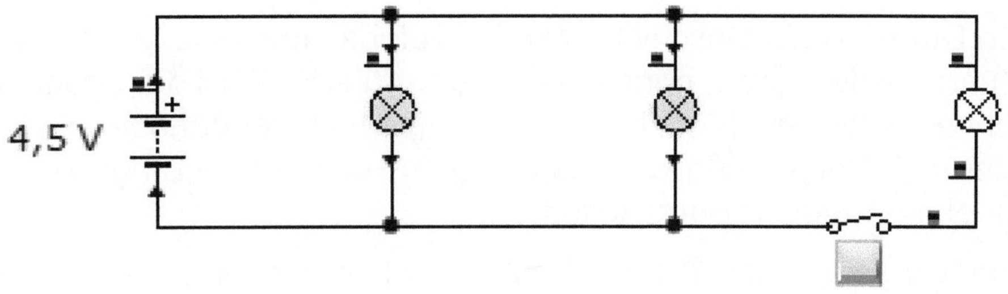

KOHL VERLAG TECHNIK fachfremd unterrichten Leichte Einstiege sofort umsetzbar – Bestell-Nr. 11 240

Informationen für den Lehrer

Der heiße Draht

Thema: Anwendung des einfachen Stromkreises

Klasse: 5-8 (je nach Vorkenntnissen oder als Wiederholung)

Zeit: 4-6 Schulstunden

Ziel: Die Schüler ...

- ... wenden ihr neu erworbenes Wissen bzgl. des einfachen Stromkreises an.
- ... erkennen einen einfachen Stromkreis.
- ... erkennen die Funktionsweise des Spiels „Der heiße Draht“.
- ... können einen einfachen Stromkreis anwenden.

Benötigtes Material: (pro Schüler)

- Holzplatte 15 x 50 x 150 mm
- 30 cm Rundholz
- 1 Metallhaken
- 1 Schweißdraht
- 2 Schrauben
- 50 cm Leitung (Kabel)
- 2 Büroklammern
- 1 Glühlampe mit Fassung
- eine Flachbatterie

Im Werkraum:

- Lötstation
- Tischbohrmaschine
- Hammer
- Schleifpapier
- Schraubendreher/-zieher

Informationen für die Lehrperson:

„Der heiße Draht“ ist ein Geschicklichkeitsspiel, bei dem eine Metallöse über einen Draht geführt werden muss, ohne diesen zu berühren. Wird der Draht doch berührt, dann ertönt entweder ein Signalton, eine Lampe leuchtet auf oder beides (je nach Bauausführung). Bei dem Bau dieses Spiels müssen einige Dinge beachtet werden. Diese entnehmen Sie der Bauanleitung.

Die Bauanleitung kann den Schülern entweder nach der Besprechung der Funktionsweise des heißen Drahtes ausgeteilt werden, oder in Streifen geschnitten gemeinsam oder in Gruppen-/Partnerarbeit sortiert werden. Je nach Wissens- und Kenntnisstand der Schüler bietet sich die eine oder andere Variante mehr an.

KOHL VERLAG TECHNIK fachfremd unterrichten Leichte Einstiege sofort umsetzbar – Bestell-Nr. 11 240

Informationen für den Lehrer

Möglicher Verlauf

„Der heiße Draht“

Phase	geplante Lehreraktivität/erwartete Schüleraktivität	Ziel	Sozialform/ Methode	Medien
	„Wer kennt das Spiel ‚Der heiße Draht‘?“ Die Lehrperson zeigt heißen Draht. Die Schüler erklären Spiel und Funktionsweise aufgrund neu erworbenen Wissens	Transfer/Anwendung neu erworbenen Wissens	Plenum	heißer Draht
Erarbeitung I	„Was brauchen wir alles, um einen heißen Draht zu bauen?“ Materialliste an die Tafel	Erkennen der verwendeten Bauteile	Plenum	heißer Draht Tafel
Erarbeitung II	Arbeitsblatt 2 (Anleitung in die richtige Reihenfolge bringen) „Welche Arbeitsschritte müssen wir noch besprechen?“	Logische Reihenfolge der einzelnen Arbeitsschritte erkennen	Einzelarbeit	Arbeitsblatt 2
Fertigung	Die Schüler fertigen den „heißen Draht“ nach Anleitung			

TIPP 1: Kopieren Sie die Bauanleitung groß (für die Tafel) und sortieren Sie diese mit den Schülern gemeinsam. Lassen Sie die Bauanleitung während der Fertigungsphase hängen.

TIPP 2: Nach der Fertigung können die Schüler gegeneinander um die Wette antreten. So können Sie den „Geschicklichkeits-Meister“ ermitteln.

KOHL VERLAG TECHNIK fachfremd unterrichten Leichte Einstiege sofort umsetzbar – Bestell-Nr. 11 240

Der heiße Draht

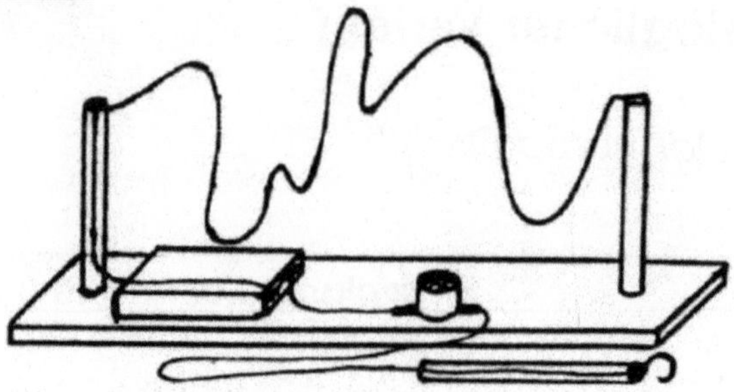

Bauanleitung

Die Grundplatte

Säge eine Grundplatte (8 cm x 15 cm) zu. Bearbeite die Kanten mit Schleifpapier.

Die Bohrungen für die Rundhölzer

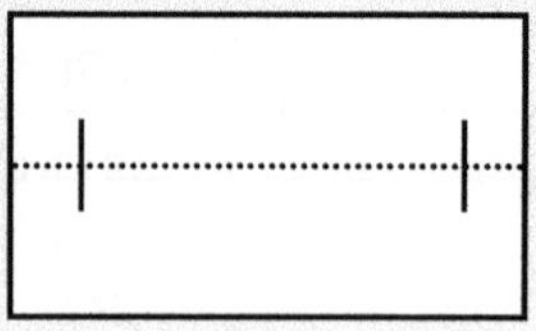

Markiere mit einem Bleistift vorsichtig die Mitte der Grundplatte. Miss 2 cm von der Kante der Grundplatte ab und markiere die Stelle. Bohre an diesen Stellen jeweils ein Loch mit dem Durchmesser des Rundholzes.

Die Rundhölzer

Du benötigst 3 Rundhölzer. Zwei als Halterung und eins als Handgriff.
Säge 3 Rundhölzer auf eine Länge von 10 cm zu.
Bearbeite die Kanten mit Schleifpapier.
Auf zwei der Rundhölzer gibst du etwas Leim und schlägst sie vorsichtig mit einem Hammer in die Löcher deiner Grundplatte.
In das dritte Rundholz schlägst du vorsichtig einen Nagel, den du dann zu einem Haken biegst, oder du schraubst einen Metallhaken ein.

Der heiße Draht

Jetzt wird der eigentliche „heiße Draht" gebogen und befestigt.
Biege mit der Flachzange beide Enden des Schweißdrahtes zu kleinen Ösen. Biege den Schweißdraht nach deinen Vorstellungen zu einer Welle. Der Draht muss dann zwischen die beiden Rundhölzer passen. Schraube den gebogenen Draht auf die Rundhölzer.

Elektronik

Schneide dir ca. 22 cm langes Kabel ab und entferne an beiden Enden ca. 1 cm von der Isolierung (abisolieren).
Löse eine Schraube auf einem Rundholz wieder leicht an, wickle das Drahtende um die Schraube und ziehe sie dann wieder an.
Wickle das andere Ende der Leitung an eine Büroklammer und löte es an.

KOHL VERLAG
TECHNIK fachfremd unterrichten
Leichte Einstiege sofort umsetzbar - Bestell-Nr. 11 240

Um die Schaltung fertig zu stellen, benötigst du jetzt noch:

- eine Glühlampe
- eine Fassung
- eine Batterie
- ein ca. 20 cm langes Stück Kabel
- ein kurzes Stück Kabel (ca. 5 cm)
- eine weitere Büroklammer

★ Überlege dir, wie du die einzelnen Bauteile miteinander verbinden musst, damit dein Spiel funktioniert.

Wenn du dir nicht sicher bist, wie du die Teile verbinden musst, überlege, wie ein einfacher Stromkreis aufgebaut ist. Zeichne dir als Hilfe einen einfachen Stromkreis (mit Schalter) auf.

Skizze

Informationen für den Lehrer

Einführung elektronischer Bauteile

Thema: Elektronische Bauteile und deren Funktion

Klasse: 8-10

Zeit: 2-4 Schulstunden

Ziel: Die Schüler ...

- ... lernen verschiedene elektronische Bauteile kennen.
- ... untersuchen die Funktion der Bauteile.
- ... lernen die Schaltzeichen der Bauteile kennen.

Benötigtes Material:

- Modell Transistor (kann aus drei Rundhölzern und einem halben Zylinder aus Holz selber gebaut werden, ist an vielen Schulen vorhanden)

Das Potentiometer

- 1 Flachbatterie
- 1 Glühlampe mit Fassung
- 1 Potentiometer
- 3 Leitungen (Krokodilklemmkabel)
- 1 Schraubendreher

Der Festwiderstand

- 1 Flachbatterie
- 1 Glühlampe
- 2 Widerstände
- 4 Leitungen (Krokodilklemmkabel)

Der LDR

- 1 Flachbatterie
- 1 Glühlampe (Kugellampe 0,02 A !)
- 1 LDR
- 1 Taschenlampe
- 3 Leitungen (Krokodilklemmkabel)

Der Transistor

- 1 Flachbatterie
- 2 Glühlampen
- 1 Schalter
- 1 NPN Transistor (547)
- 6 Leitungen (Krokodilklemmkabel)

KOHL VERLAG TECHNIK fachfremd unterrichten Leichte Einstiege sofort umsetzbar – Bestell-Nr. 11 240

3 Elektronik

Informationen für den Lehrer

Informationen für die Lehrperson:

Die Funktion einiger elektronische Bauteile ist schwer zu verstehen. Die folgende Einheit versucht den Schüler Funktionen einiger Bauteile in Schülerversuchen näherzubringen.

Auf den ersten Seiten zum Thema Elektronik finden Sie fachliche Informationen zum Thema Elektronik, die einen ersten Einblick geben sollen. Die Informationen zu den Bauteilen aus den Schülerversuchen können Sie auch als Infokarte kopieren und an die entsprechende Station legen. Sie können diese Infokärtchen aber auch für die Gruppeneinteilung nutzen.

<u>Möglicher Verlauf dieser Einheit</u>:

Die „Übersicht über die elektonischen Bauteile und ihre Funktion" bietet sich als Einstieg in diesen Themenbereich an. Hierüber kann das Vorwissen der Schüler aktiviert werden und Sie als Lehrperson bekommen einen Eindruck davon, was die Schüler schon wissen und an was Sie anknüpfen können. Sie können die großen Bilder auseinanderschneiden, um die Erarbeitung im Plenum durchzuführen, oder Sie fertigen das Material für je zwei Schüler an, um in Partnerarbeit arbeiten zu lassen.

Die Schüler suchen aus den Bauteilen diejenige heraus, die ihnen bekannt sind und sortieren die bekannten Funktionen, Schaltzeichen und Bezeichnungen dazu. Nach und nach ergibt sich daraus ein Teil der Tabelle. Die Bauteile Widerstand, LDR, Potentiometer und Transistor sind den meisten Schülern sicherlich noch unbekannt. Diese bleiben dann erst einmal unsortiert auf dem Tisch liegen.

Die Funktionen dieser Bauteile werden daraufhin in Gruppen an Stationen erarbeitet. Für das individuelle und nachhaltige Lernen wäre es wünschenswert, wenn alle Schüler alle Stationen durchlaufen und so die Funktion jedes Bauteils selber herausfinden. Es ist aber auch möglich, dass jede Gruppe nur ein oder zwei Stationen erarbeitet und die Ergebnisse dann im Plenum präsentiert werden.

Nach der Besprechung bzw. Präsentation der Stationenergebnisse können die noch nicht sortierten Kärtchen vom Einstieg in die Übersicht eingefügt werden.

TIPP: Für einzelne Stationen liegen TIPP-Kärtchen als Kopiervorlage bei, die Sie je nach Bedarf an Ihre Schüler rausgeben können.

KOHL VERLAG TECHNIK fachfremd unterrichten Leichte Einstiege sofort umsetzbar – Bestell-Nr. 11 240

Elektronische Bauteile und ihre Funktion

Bezeichnung	Schalter	Glühlampe	Batterie	Kabel	Widerstand	LDR (Fotowiderstand)	Potentiometer (Poti)	Transistor
Foto					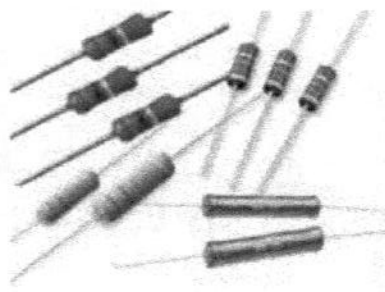	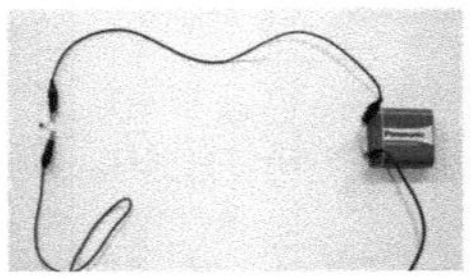		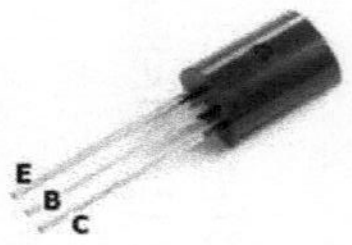
Schaltzeichen		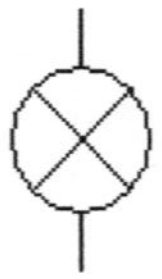	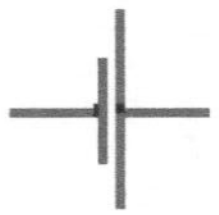	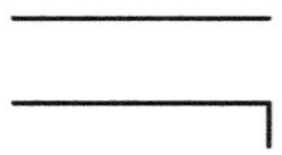			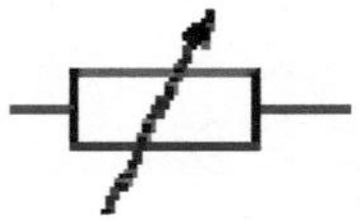	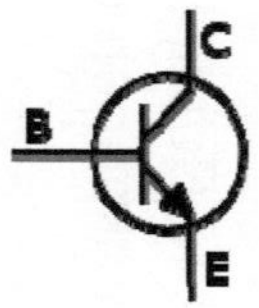
Funktion	steuert Strom (an / aus)	leuchten	Stromquelle	Stromleitung	reduziert Stromstärke	einfallendes Licht regelt Stromstärke	einstellbare Reduzierung der Stromstärke	durch (Basis-) Strom reagierender Schalter / Verstärker

 GREENCELL EXTRA HEAVY DUTY 312G 4,5V 0% MERCURY GP	
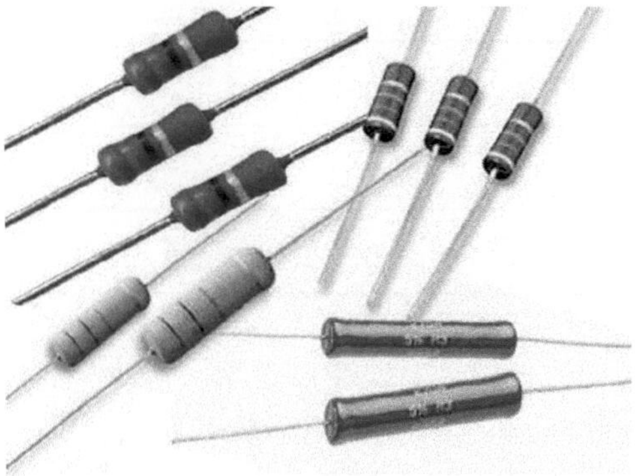	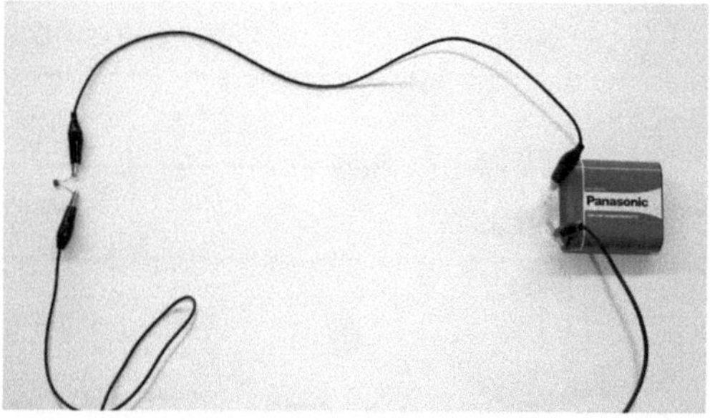 Panasonic
	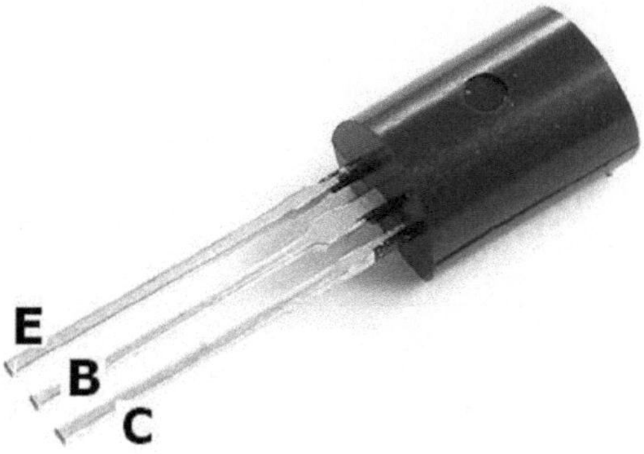 E B C

Das Potentiometer (Poti)

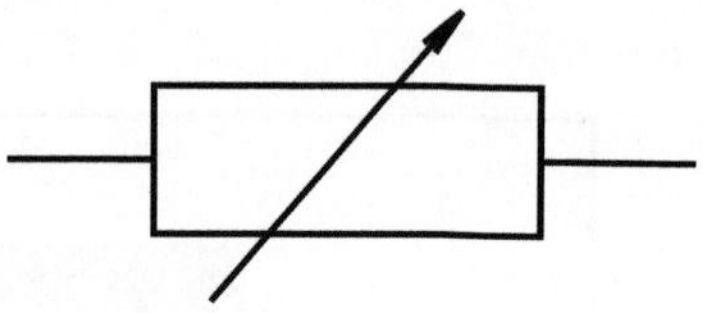

★ **Aufgabe 7:** **a)** *Baut eure Schaltung nach Schaltplan auf.*

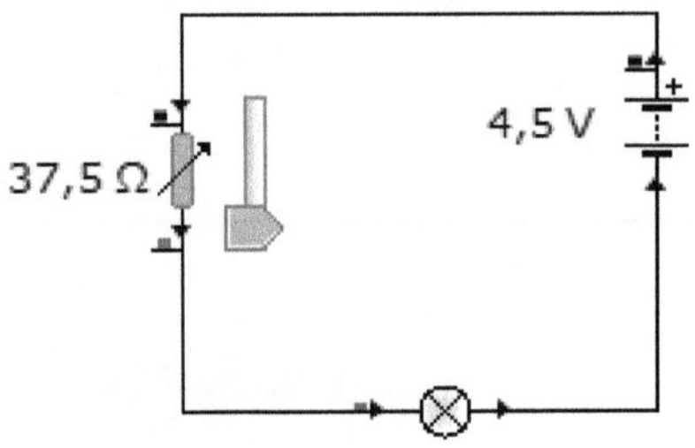

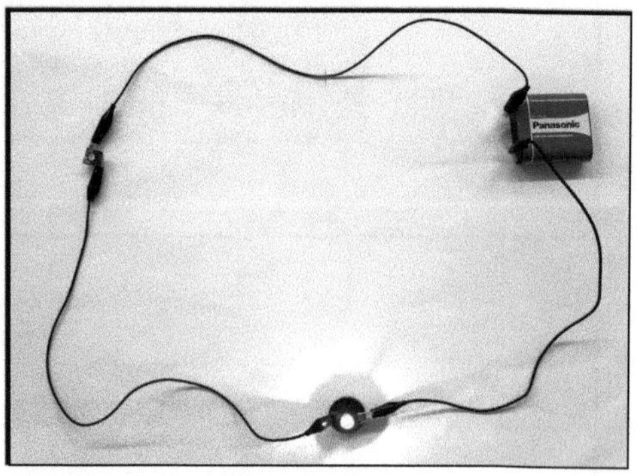

b) *Verstellt das Poti vorsichtig mit einem Schlitzschraubendreher. Beobachtet, was passiert.*

____

____

____

____

____

c) *Schreibt nun auf, was das Poti eurer Meinung nach macht.*

____

____

____

____

____

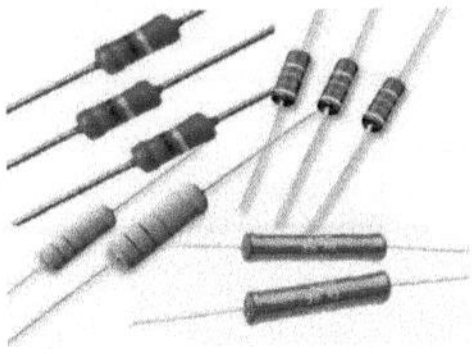

Der Festwiderstand

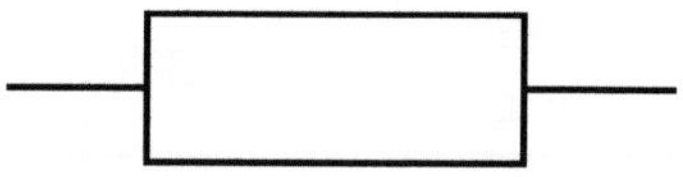

★ **Aufgabe 8:** **a)** *Baut eure Schaltung nach Schaltplan auf.*

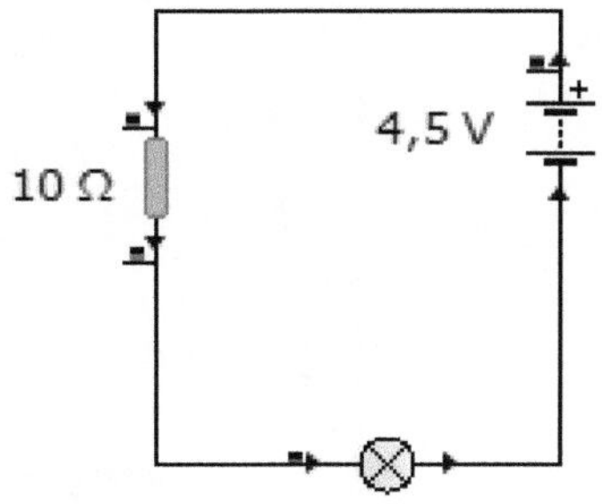

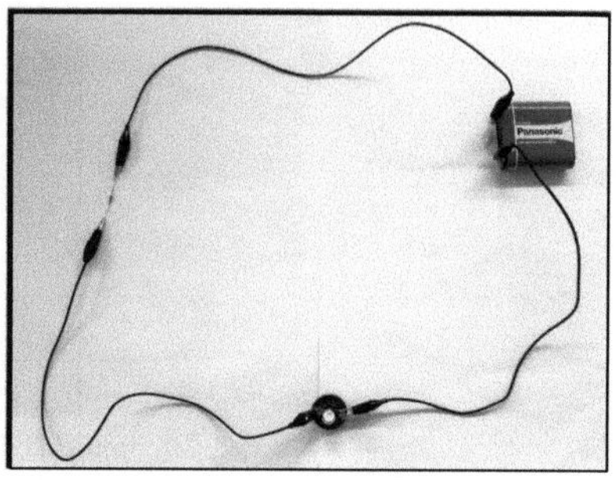

b) *Baut einen zweiten Widerstand mit in die Schaltung ein.*

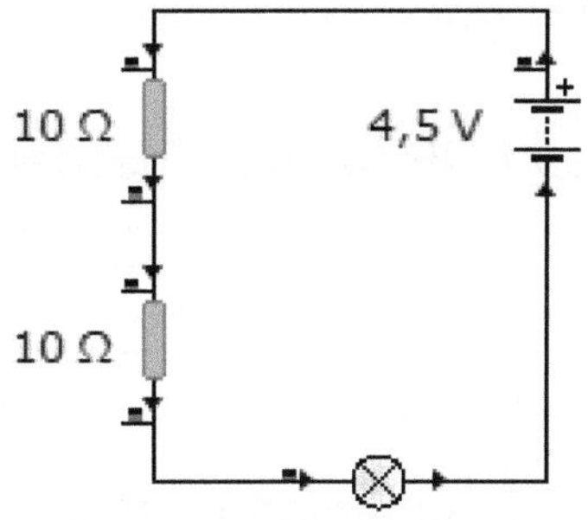

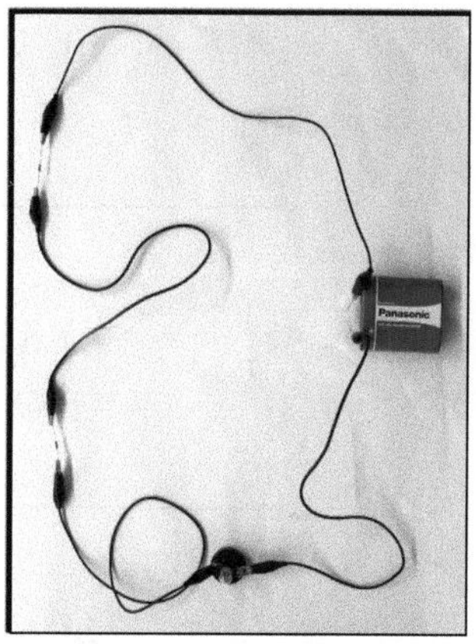

c) *Wie verändert sich die Helligkeit der Glühlampe?*

____

____

d) *Was, vermutet ihr, ist die Funktion eines Widerstandes?*

____

____

____

____

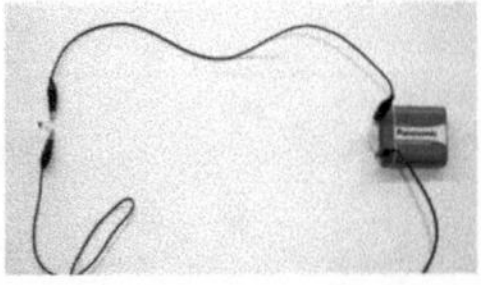

Der Fotowiderstand (LDR)

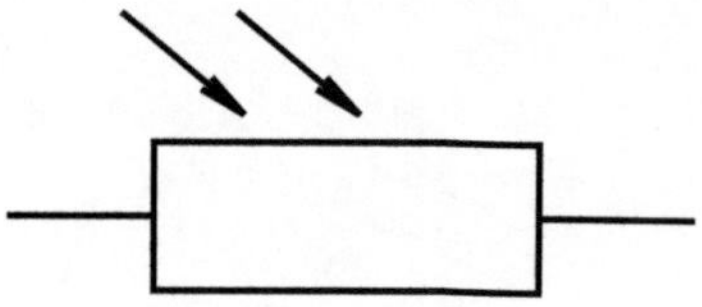

★ **Aufgabe 9**: **a)** *Baut eure Schaltung nach Schaltplan auf.*

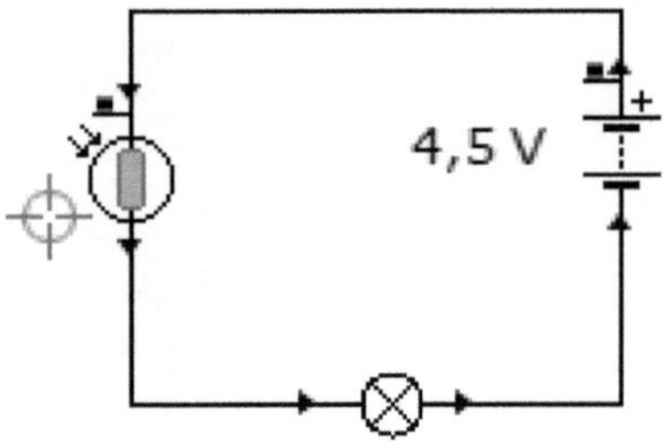

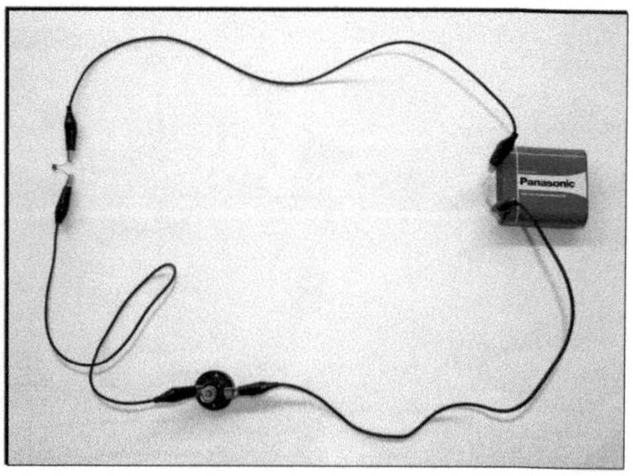

b) *Was passiert, wenn ihr den LDR zuhaltet?*

c) *Was passiert, wenn ihr den LDR mit der Taschenlampe beleuchtet?*

d) *Was passiert, wenn ihr die Taschenlampe langsam dichter an den LDR heranführt?*

e) *Schreibt nun auf, was der LDR eurer Meinung nach macht.*

TECHNIK fachfremd unterrichten
Leichte Einstiege sofort umsetzbar – Bestell-Nr. 11 240
KOHL VERLAG

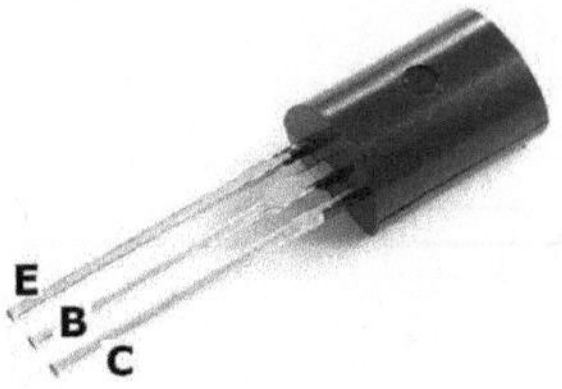

Der Transistor

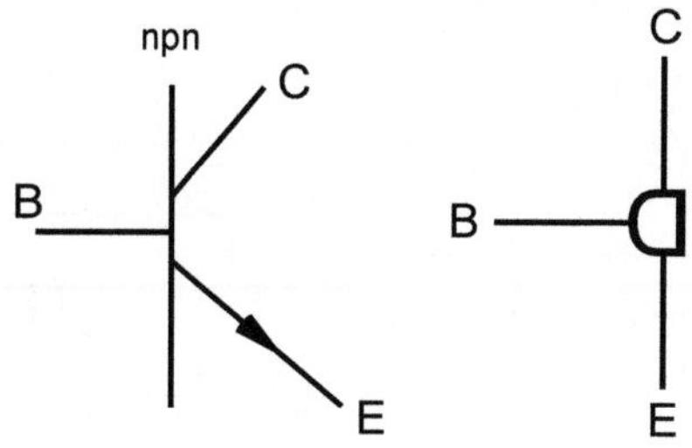

★ **Aufgabe 10**: **a)** *Baut eure Schaltung nach Schaltplan auf. (Achtet auf die Pole + und - der Batterie und die Kontakte des Transistors!)*

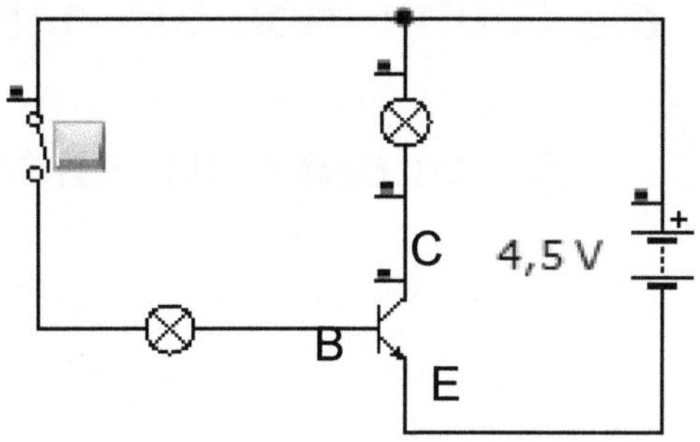

b) *Betrachtet die Schaltung genau. Überlegt, in welche Richtung der Strom bei geöffnetem Schalter fließt. Zeichnet eure Überlegungen farbig in den Schaltplan ein.*

c) *Was passiert, wenn ihr den Schalter schließt?*

____

____

d) *Überlegt nun noch einmal, wo der Strom jetzt entlangfließt. Gibt es einen Unterschied?*

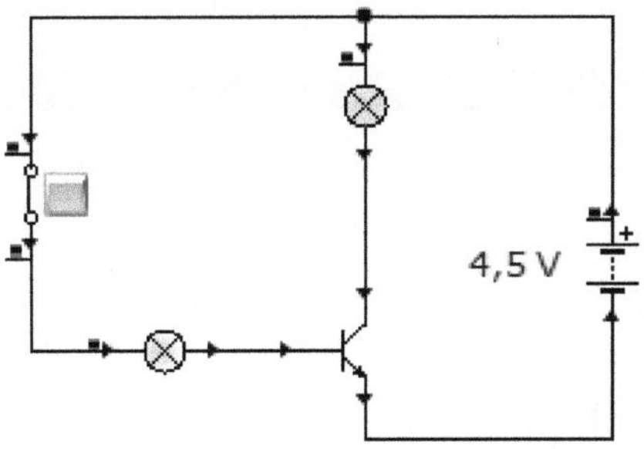

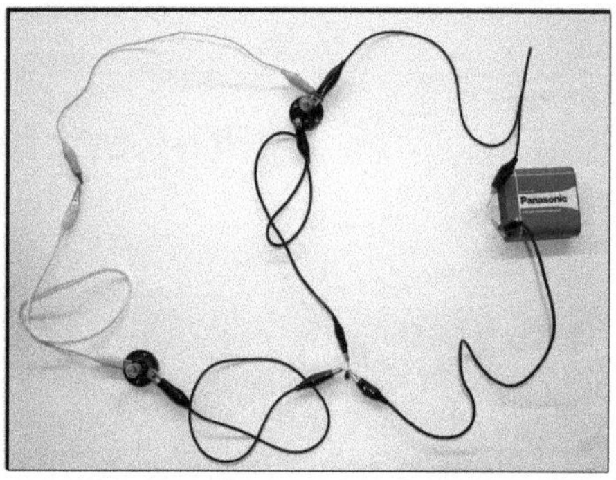

e) *Schreibt nun auf, was der Transistor eurer Meinung nach macht.*

____

____

____

KOHL VERLAG TECHNIK fachfremd unterrichten Leichte Einstiege sofort umsetzbar – Bestell-Nr. 11 240

TIPP-Kärtchen: POTENTIOMETER

Tipp:
Bei welcher Einstellung leuchtet die Glühlampe am hellsten?

Wann am dunkelsten?

TIPP-Kärtchen: TRANSISTOR

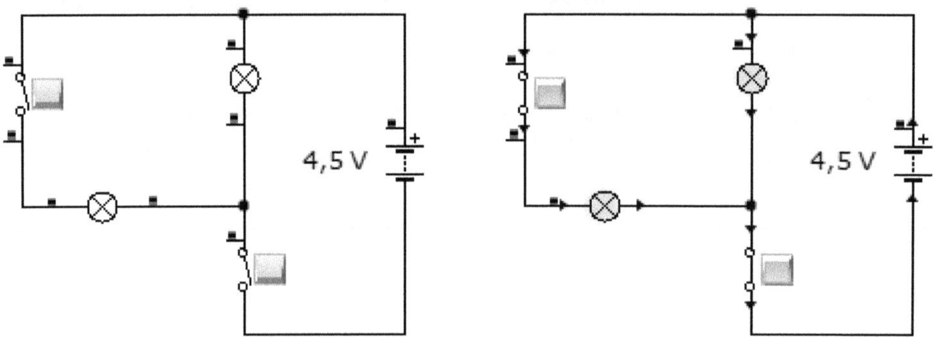

Tipp: Der Schalter löst etwas aus!

TIPP-Kärtchen: FOTOWIDERSTAND (LDR)

Tipp:
Warum heißt das Bauteil Foto*WIDERSTAND*? Was macht ein Widerstand?

KOHL VERLAG TECHNIK fachfremd unterrichten

Informationen für den Lehrer

Einführung

Thema: Metalle und ihre Eigenschaften

Klasse: 5-8

Zeit: 2-4 Schulstunden

Ziel: Die Schüler ...

- ... lernen verschiedene Metalle kennen.
- ... lernen Eigenschaften von Metallen kennen.
- ... lernen Metalle aufgrund ihrer Eigenschaft zu unterscheiden.

Benötigtes Material:

- siehe nächste Seite

Informationen für die Lehrperson:

Metall ist allen Schülern ein Begriff. Oft ist ihnen aber nicht klar, was das genau bedeutet. So kann es passieren, dass Schüler die Materialien Kunststoff und Metall durcheinanderbringen, wenn man sie fragt, aus welchem Material ein Gegenstand ist. Die Unterrichtseinheit soll dazu dienen, dass die Schüler den Begriff Metall festigen und ihr Wissen vertiefen, sie sollen unterschiedliche Metalle und die verschiedenen Eigenschaften der unterschiedlichen Metalle kennenlernen.

Der gemeinsame Einstieg bietet Gelegenheit, den Kenntnisstand der Schüler zu erfahren. Für die Schüler ist es eine Möglichkeit, ihr bisheriges Wissen mitzuteilen oder von dem Wissen der Mitschüler zu profitieren. Durch die leeren Zeilen sowohl bei „Farben“ als auch auf der Abschlusskopiervorlage haben Sie als Lehrperson die Möglichkeit, die Kopiervorlage individuell auf Ihre Schüler anzupassen, oder Sie lassen die Schüler die Tabelle mit eigenen Ideen ergänzen.

Die Station „Farben“ muss als erstes von allen Schülern bearbeitet werden. Hierfür bietet sich die gemeinsame Erarbeitung im Anschluss an den Einstieg im Plenum an.

Die nachfolgenden Stationen können in beliebiger Reihenfolge bearbeitet werden. Dies sollte in Partnerarbeit stattfinden, da manche Stationen allein nicht zu bearbeiten sind. Die Kopiervorlagen für die einzelnen Stationen sind selbsterklärend. Es ist natürlich trotzdem möglich, die einzelnen Stationen vor der Bearbeitung im Plenum zu besprechen. Dies ist besonders bei noch nicht so selbstständigen Schülern zu empfehlen.

Am Ende der Bearbeitung bekommen die Schüler noch einmal die Zuordnungstabelle der ersten Station „Farben“. Nun sollen sie ihre Einträge von Beginn der Einheit überprüfen und die Tabelle ggf. neu ausfüllen. Dadurch wird ihnen ihr Lernerfolg bewusst gemacht. Nach der Bearbeitung der Stationen können sie feststellen, dass die 1-Cent-Münze magnetisch ist und somit Eisen enthalten muss. Zur Veranschaulichung dürfen die Schüler dann eine 1-Cent-Münze durchsägen. (⇨ Sicherheitshinweise beim Sägen/Ablängen von Metall beachten!)

Für schnelle Schüler gibt es eine Zusatzaufgabe (Zusatzstation) zur Differenzierung, die das Wissen über den einfachen Stromkreis mit den Eigenschaften von Metallen verbindet.

TECHNIK fachfremd unterrichten
Leichte Einstiege sofort umsetzbar – Bestell-Nr. 11 240
KOHL VERLAG

Benötigtes Material:

Einstieg/Gruppe:

- 1-Cent-Münze
- Teelichthalter
- Kabel
- Stahlnagel
- Gewindestange

Stationen:

Magnetismus:

- Magnete
- Metallproben:
  - Aluminium
  - Eisen
  - Kupfer

Dichte:

- (Brief-)Waage
- Metallproben (gleiches Volumen):
  - Aluminium
  - Eisen
  - Kupfer

Härte:

- Stahlnagel
- Lupe
- Metallproben
  - Aluminium
  - Eisen
  - Kupfer

Wärmeleitfähigkeit:

- Teelicht (Feuerzeug/Streichhölzer)
- hitzefeste Unterlage
- Metallstäbe/-drähte (gleicher Durchmesser/gleiche Länge):
  - Aluminium
  - Eisen
  - Kupfer

Zusatzstation:

- 1 Flachbatterie
- 1 Glühlampe
- 3 Leitungen (Krokodilklemmkabel)
- Metallstäbe:
  - Aluminium
  - Eisen
  - Kupfer

KOHL VERLAG TECHNIK fachfremd unterrichten Leichte Einstiege sofort umsetzbar – Bestell-Nr. 11 240

Möglicher Verlauf

Phase	geplante Lehreraktivität/ erwartete Schüleraktivität	Sozialform/ Methode	Medien
Einstieg I Vorwissen aktivieren Hinführung	Stiller Impuls: verschiedene Gegenstände aus Metall auf einem Tisch ausbreiten (siehe Kopiervorlage Metalle im Alltag) Die Schüler erkennen, dass alle Gegenstände aus Metall sind, evtl. können sie einzelne Metalle benennen. Die Lehrperson legt Metallbleche mit Bezeichnungen dazu ⇨ Besprechung, Abkürzungen und Bezeichnungen der Metalle. Lehrperson: *„Aus welchen Metallen bestehen eurer Meinung nach die verschiedenen Gegenstände? Begründet eure Meinung.“* ⇨ Farbe der Metalle Die Lehrperson teilt Arbeitsblatt 1 (Seite 56/57) aus. Die Schüler füllen das Arbeitsblatt aus.	Plenum Einzelarbeit	Gegenstände aus Metall Metallbleche mit Bezeichnung AB Metalle im Alltag, verschiedene Metalle kennenlernen (Seite 56/57)
Erarbeitung I	Lehrperson: *„Um eure Vermutung zu überprüfen, habe ich euch verschiedene* ***Stationen*** *aufgebaut, an denen ihr* ***verschiedene Eigenschaften*** *der Metalle kennenlernt. Lest euch die Arbeitsblätter genau durch. Zuerst sollt ihr* ***vermuten und dann den Versuch durchführen****. Am Ende überprüft ihr eure Vermutungen, aus welchen Metallen die Gegenstände bestehen.* ***In … Minuten*** *(Uhrzeit?) treffen wir uns wieder hier und besprechen eure Ergebnisse.“* Die Schüler bearbeiten die Stationen.	Partnerarbeit	Stationen und Arbeitsblatt (Seite 58-64)
Besprechung	Die Schüler stellen ihre Ergebnisse vor, Fehler werden besprochen, einige Versuche evtl. gemeinsam wiederholt. Lehrperson: ***„Was habt ihr vermutet, aus welchem Metall eine 1-Cent-Münze besteht?“*** Schüler: *„Kupfer.“* Lehrperson: *„Habt ihr eure Vermutung überprüft? Was ist euch aufgefallen?“* (⇨ evtl. Magnetismus mit Kupfer wiederholen) *„Kann eure Vermutung stimmen?“* Schüler: *„Nein.“* Lehrperson: *„Welches Metall muss deshalb in dem Cent sein? Wie können wir das überprüfen?“* ⇨ *Schüler: „Eisen, Cent-Münze durchbrechen, durchsägen.“*	Plenum	
Erarbeitung II	Die Lehrperson zeigt, wie man sägt (Handrücken zum Schraubstock, nicht ganz durchsägen, Rest mit Flachzange abbrechen). Dann teilt sie jedem Schüler einen 1-Cent-Münze aus. Die Schüler sägen das Centstück durch. Die Schüler erkennen, dass der Cent einen anderen Kern hat.	Lehrerdemo Einzelarbeit	Puk-Säge mit Metallsägeblatt, Flachzangen, 9 1-Cent-Münzen

KOHL VERLAG TECHNIK fachfremd unterrichten
Leichte Einstiege sofort umsetzbar – Bestell-Nr. 11 240

Metalle im Alltag

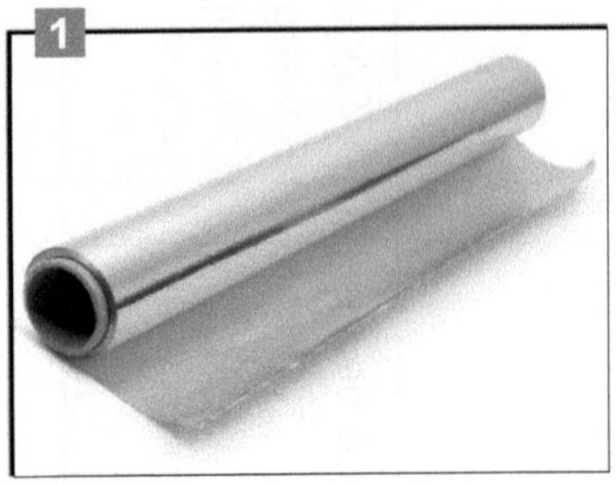

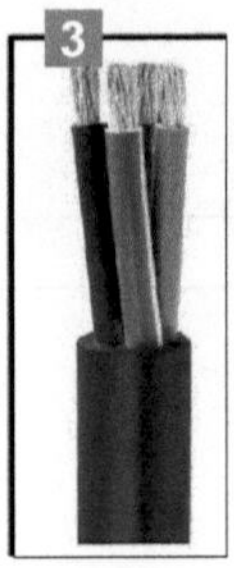

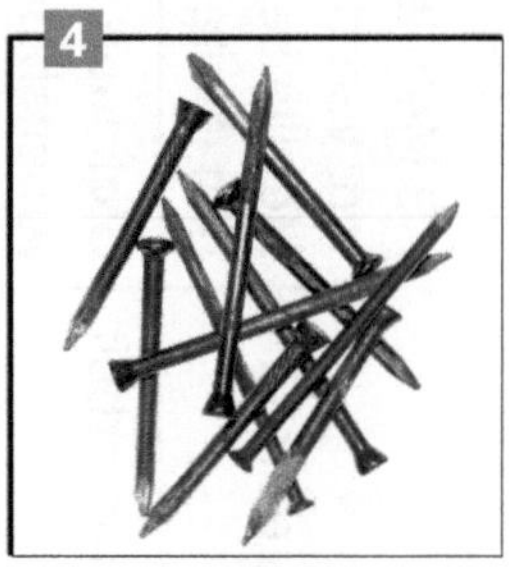

♦ **Aufgabe 1:** **a)** *Oben siehst du Bilder von Metallgegenständen aus dem alltäglichen Leben. Finde sechs weitere Dinge aus Metall, die dir jeden Tag begegnen.*

_______________________ _______________________

_______________________ _______________________

_______________________ _______________________

b) *Welche Metalle wurden wohl bei den oben dargestellten Gegenständen verwendet?*

1 _______________________

2 _______________________

3 _______________________

4 _______________________

5 _______________________

c) *Welche Metalle kennst du außerdem noch?*

____

____

____

____

KOHL VERLAG
TECHNIK fachfremd unterrichten
Leichte Einstiege sofort umsetzbar – Bestell-Nr. 11 240

4 Metall

Metalle und Metall-Legierungen

Metalle sind Elemente, die elektrisch leitfähig sind, eine gute Wärmeleitfähigkeit besitzen und einen metallischen Glanz aufweisen. Metalle sind meist gut verformbar und wegen ihrer mechanischen und elektrischen Eigenschaften weit verbreitete Werkstoffe (z.B. im Fahrzeugbau, in der Elektrotechnik und in der Bauindustrie).
Mehr als 75% der chemischen Elemente sind Metalle. Die typischen Metalleigenschaften ergeben sich aus dem Aufbau der Metalle, das heißt, der Art der Teilchen und den zwischen den Teilchen wirkenden Kräften. Man bezeichnet diese Form der Bindung als Metallbindung.
Legierungen sind Stoffgemische aus zwei oder mehr elementaren Metallen, wie Messing, das aus Kupfer und Zink besteht. Im Stoffgemisch werden die Eigenschaften der einzelnen Komponenten verändert, sodass Legierungen vielfältige Anwendungen finden. Auch Stahl ist eine Legierung verschiedener Metalle, deren Zusammensetzung man je nach Verwendung (Rohre, Bleche, Maschinenbauteile usw.) variieren kann.

▲ **Aufgabe 2:**
- *Lies den Text aufmerksam durch.*
- *Erkläre dann mit deinen eigenen Worten, was eine Legierung ist.*

____

____

____

____

____

◆ **Aufgabe 3:** Zusatzaufgabe:
- *Recherchiert im Internet, in welchen Fällen Legierungen verwendet werden.*

____

____

____

____

____

Metalle und ihre Eigenschaften

Metalle lassen sich aufgrund ihrer verschiedenen Eigenschaften unterscheiden.

1. Station: FARBEN

▲ **Aufgabe 4**: *Welche Farben haben die verschiedenen Metalle?*

a) Aluminium hat die Farbe ______________________________ .

b) Eisen hat die Farbe __________________________ .

c) Kupfer hat die Farbe ___________________________ .

▲ **Aufgabe 5**: *Ordne die Metallgegenstände aus der Tüte der richtigen Metallart zu. Vergleiche dafür die Farben.*

Zuordnungstabelle	Aluminium	Eisen	Kupfer
1-Cent-Stück			
Teelichthalter			
Kabel (innen)			
Nagel			
Gewindestange			

KOHL VERLAG Lernen mit Erfolg
TECHNIK fachfremd unterrichten
Leichte Einstiege sofort umsetzbar – Bestell-Nr. 11 240

Metalle und ihre Eigenschaften

Metalle lassen sich aufgrund ihrer verschiedenen Eigenschaften unterscheiden.

2. Station: MAGNETISMUS

♦ **Aufgabe 6:** **a)** *Was vermutet ihr? Welches Metall ist magnetisch – welches nicht? Kreuze an.*

	magnetisch	nicht magnetisch
Aluminium		
Eisen		
Kupfer		

b) *Überprüft eure Vermutung mit dem Magneten. Haltet das Ergebnis in der Tabelle fest.*

	magnetisch	nicht magnetisch
Aluminium		
Eisen		
Kupfer		

KOHL VERLAG TECHNIK fachfremd unterrichten Leichte Einstiege sofort umsetzbar – Bestell-Nr. 11 240

Metalle und ihre Eigenschaften

Metalle lassen sich aufgrund ihrer verschiedenen Eigenschaften unterscheiden.

3. Station: DICHTE

Die Dichte eines Stoffes setzt sich zusammen aus:

$$\frac{\text{Masse } (m)}{\text{Volumen } (V)} = \text{Dichte } (\rho)$$

Da die vorliegenden Metallstücke alle das gleiche Volumen haben, reicht es aus, das Metall zu wiegen, um die Dichte zu bestimmen. Das Metall, welches am schwersten ist, hat die höchste Dichte.

♦ **Aufgabe 7:**
- *Vermutet zuerst, welches Metall die höchste Dichte hat. Hierfür tragt ihr in die entsprechende Spalte die Nummern 1 bis 3 ein (1 = höchste Dichte, 3 = geringste Dichte)*
- *Überprüft anschließend eure Vermutungen durch wiegen.*

	Vermutung	gewogen
Aluminium		
Eisen		
Kupfer		

KOHL VERLAG TECHNIK fachfremd unterrichten Leichte Einstiege sofort umsetzbar – Bestell-Nr. 11 240

Metalle und ihre Eigenschaften

Metalle lassen sich aufgrund ihrer verschiedenen Eigenschaften unterscheiden.

4. Station: HÄRTE

★ **Aufgabe 8:** **a)**
- *Kratzt mit einem Nagel auf dem Metall.*
- *Vergleicht die Kratzer mit der Lupe.*
- *Bringt die Metalle in eine Reihenfolge, angefangen mit dem tiefsten Kratzer.*

1. ______________________________

2. ______________________________

3. ______________________________

b) *Welches Metall ist am weichsten?* ____________________________

c) *Vergleicht die Härtetabelle mit der Dichtetabelle:*

	Härte	Dichte
1.		
2.		
3.		

d) *Was fällt euch auf?*

____

____

____

____

KOHL VERLAG TECHNIK fachfremd unterrichten Leichte Einstiege sofort umsetzbar – Bestell-Nr. 11 240

Metalle und ihre Eigenschaften

Metalle lassen sich aufgrund ihrer verschiedenen Eigenschaften unterscheiden.

5. Station: WÄRMELEITFÄHIGKEIT

Info: Wärmeleitfähigkeit von Metall
=
Welches Metall kann Wärme am besten leiten?

▲ **Aufgabe 9:**
- *Zündet die Kerze an.*
- *Einer von euch hält immer zwei Metalle gleichzeitig (eins in jeder Hand) in die Flamme.*
  (Überlegt euch, welche Metalle ihr miteinander vergleichen müsst, damit ihr eine Rangfolge erstellen könnt!)

VORSICHT: VERBRENNUNGSGEFAHR!!!

◆
- *Ordnet die Metalle nach ihrer Wärmeleitfähigkeit (Welches Metall leitet die Wärme am besten?)*

1. ____________________

2. ____________________

3. ____________________

TIPP: Eventuell mit Multimeter messen, die haben oft auch Temperaturfühler zum Messen.

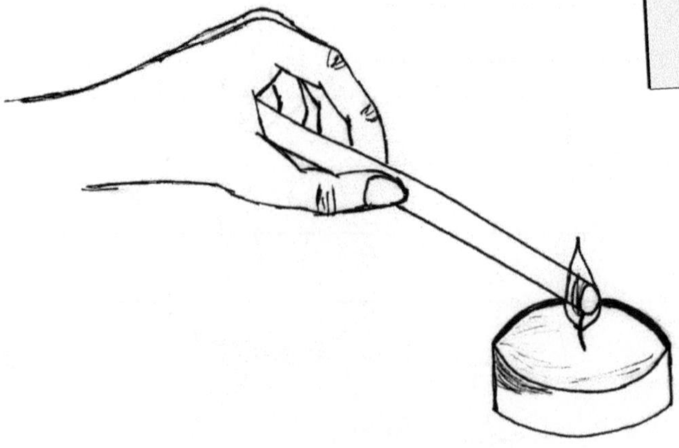

KOHL VERLAG TECHNIK fachfremd unterrichten Leichte Einstiege sofort umsetzbar – Bestell-Nr. 11 240

Metalle und ihre Eigenschaften

Metalle lassen sich aufgrund ihrer verschiedenen Eigenschaften unterscheiden.

Abschluss aller 5 Stationen: Zuordnungstabelle

♦ **Aufgabe 10**: *Schaut euch noch einmal die Zuordnungstabelle von der 1. Station (Farben) an. Führt einige Versuche jetzt noch einmal an den Metallgegenständen durch und überprüft so eure Überlegungen vom Anfang.*

Habt ihr wirklich alles richtig angekreuzt? ☐ Ja ☐ Nein

Wenn nicht, könnt ihr die Tabelle hier noch einmal neu ausfüllen:

Zuordnungstabelle	Aluminium	Eisen	Kupfer
1-Cent-Münze			
Teelichthalter			
Kabel (innen)			
Nagel			
Gewindestange			

KOHL VERLAG TECHNIK fachfremd unterrichten Leichte Einstiege sofort umsetzbar – Bestell-Nr. 11 240

Metalle und ihre Eigenschaften

Metalle lassen sich aufgrund ihrer verschiedenen Eigenschaften unterscheiden.

6. (Zusatz-)Station: ELEKTRISCHE LEITFÄHIGKEIT

Du hast jetzt schon einige Eigenschaften von Metallen kennengelernt. Eine weitere ist die elektrische Leitfähigkeit, das heißt, wie gut bzw. ob ein Stoff elektrischen Strom leitet oder nicht.

★ **Aufgabe 11:** *Überlege dir selber einen Test, durch den du herausfindest, ob Metalle den elektrischen Strom leiten.*

Vermutung:

	leitet elektrischen Strom	
	ja	nein
Aluminium		
Eisen		
Kupfer		

Ergebnis:

	leitet elektrischen Strom	
	ja	nein
Aluminium		
Eisen		
Kupfer		

♦ **Aufgabe 12:** *Du hast vorhin herausgefunden, dass ein Kabel aus Kupfer besteht. Was, vermutest du, ist der Grund dafür?*

____

____

KOHL VERLAG TECHNIK fachfremd unterrichten
Leichte Einstiege sofort umsetzbar – Bestell-Nr. 11 240

Informationen für den Lehrer

Metallwerkzeuge

Thema: Metallwerkzeuge benennen können

Klasse: 5-8 (je nach Vorkenntnissen oder als Wiederholung)

Zeit: 1-2 Schulstunden

Ziel: Die Schüler ...

- ... kennen die verschiedenen Werkzeuge zur Metallbearbeitung.
- ... kennen die Anwendungsbereiche der verschiedenen Werkzeuge.
- ... kennen Fachbegriffe (Messen, Anreißen, Körnen, Ablängen, Beseitigen von Unebenheiten, Bohren)
- ... kennen den Unterschied zwischen Werkzeug und Hilfsmittel.

Benötigtes Material:

Werkzeuge und Hilfsmittel als Anschauungsmaterial:

- Stahlmaß
- Anschlagswinkel
- Flachwinkel
- Dreikantfeile
- Bügelsäge
- Puk-Säge
- Flachfeile
- Reißnadel
- Körner
- Schlosshammer
- Spiralbohrer
- Flachzange

Informationen für die Lehrperson:

Durch das folgende Kapitel lernen die Schüler die verschiedenen Werkzeuge und Hilfsmittel zur Metallbearbeitung kennen. Um die Motivation zu fördern und das Interesse zu wecken, empfiehlt es sich, die Werkzeuge als Realmaterialien bereitzulegen. Um die Schüler nicht zu unter- bzw. überfordern bietet es sich an, als erstes das Wissen der Schüler zu erfragen, indem man sie die Werkzeuge bzw. Hilfsmittel heraussuchen lässt, die sie kennen. Wenn sie wissen, wozu man es verwendet, können sie es ihren Mitschülern erklären.
Natürlich können Sie die Kopiervorlage auch ohne Realmaterial verwenden. Hierzu teilen Sie den Schülern die Abbildungen und Bezeichnungen der Metallwerkzeuge aus und lassen Sie diese ausschneiden. Als erstes werden dann die Bezeichnungen den Bildern zugeordnet. Erst danach findet die Unterteilung in die verschiedenen Kategorien (Werkzeuge zum Messen,...) statt.
Die Erarbeitung kann in Einzelarbeit, Partnerarbeit, Gruppenarbeit oder im Plenum stattfinden. Hierfür kopieren Sie die Vorlage entweder groß und arbeiten im Kinositz oder an der Tafel, oder Sie kopieren alles auf Folie und arbeiten frontal mit dem Overheadprojektor.

KOHL VERLAG TECHNIK fachfremd unterrichten Leichte Einstiege sofort umsetzbar – Bestell-Nr. 11 240

Metallwerkzeuge & Hilfsmittel

▲ **Aufgabe 13**: *Schneide die Bilder und die Bezeichnungen der Werkzeuge und die Hilfsmittel aus. Sortiere sie richtig zu und klebe sie auf ein Blatt.*

✂

Stahlmaß/-Lineal	**Anschlagswinkel**	**Flachwinkel**
Dreikantfeile	**Bügelsäge**	**Puk-Säge**
Flachfeile	**Reißnadel**	**Körner**
Schlosserhammer	**Spiralbohrer**	**Flachzange**

		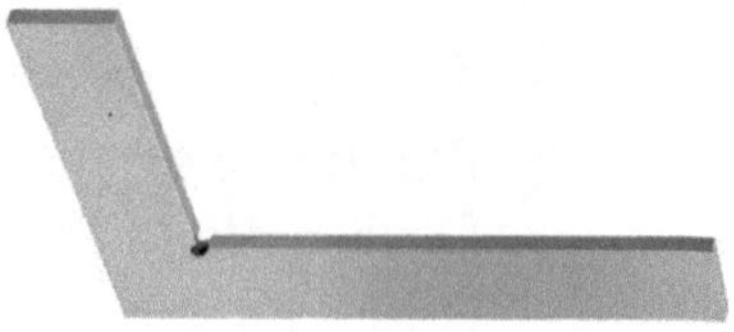
	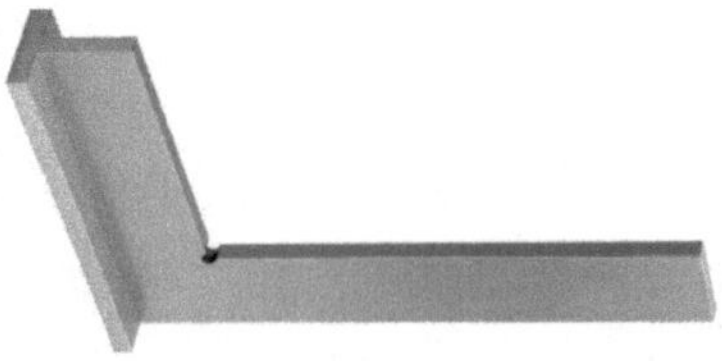	

		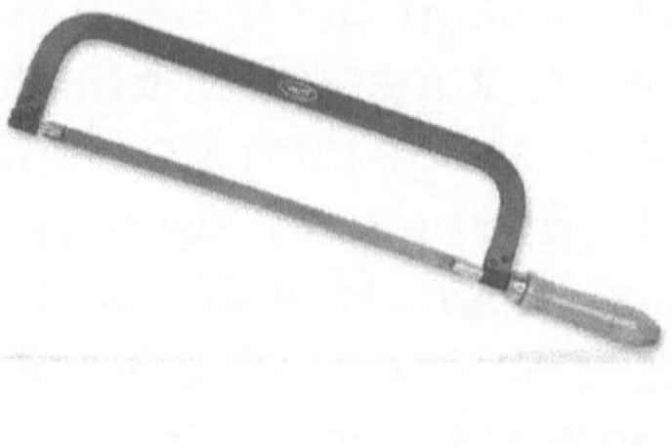

▲ **Aufgabe 14:**
- *Schneide die Bezeichnungen und Werkzeugbilder aus.*
- *Sortiere die Werkzeuge und Hilfsmittel nach ihren Funktionen und klebe die Bilder und Bezeichnungen ein.*

✂

Stahlmaß/-Lineal	**Anschlagswinkel**	**Flachwinkel**
Dreikantfeile	**Bügelsäge**	**Puk-Säge**
Flachfeile	**Reißnadel**	**Körner**
Schlosserhammer	**Spiralbohrer**	**Flachzange**

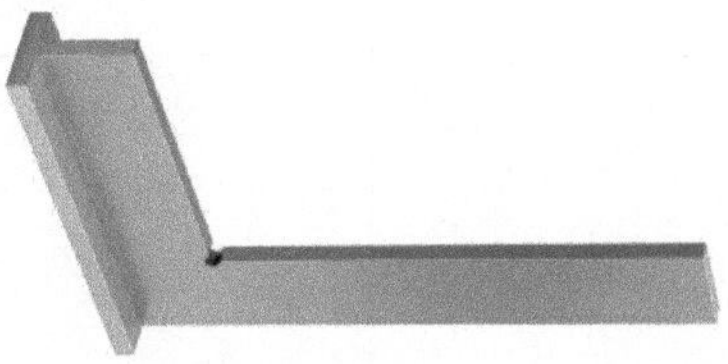
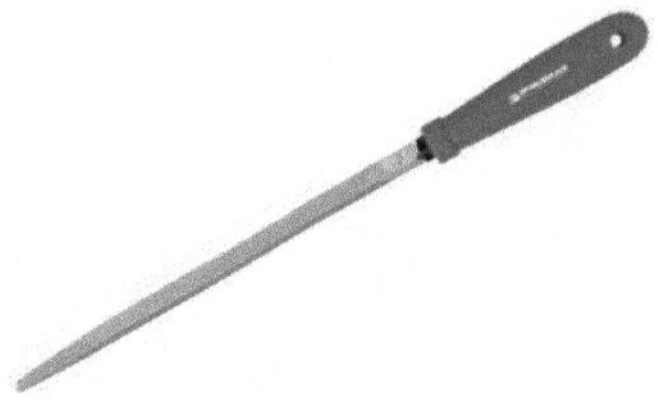
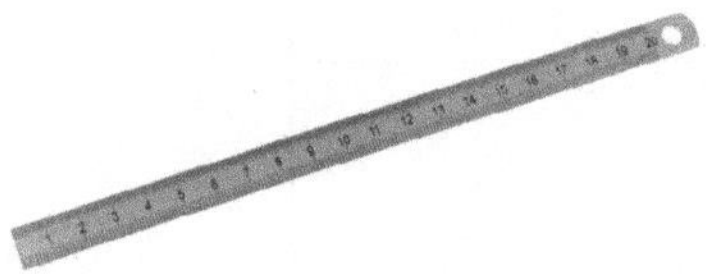

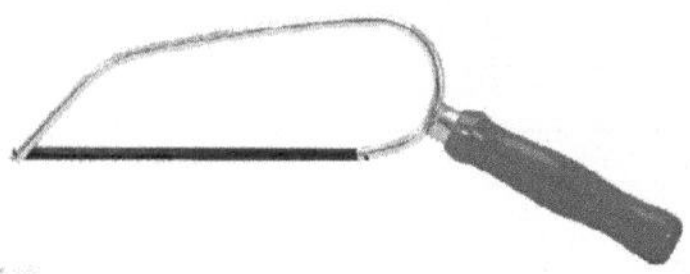
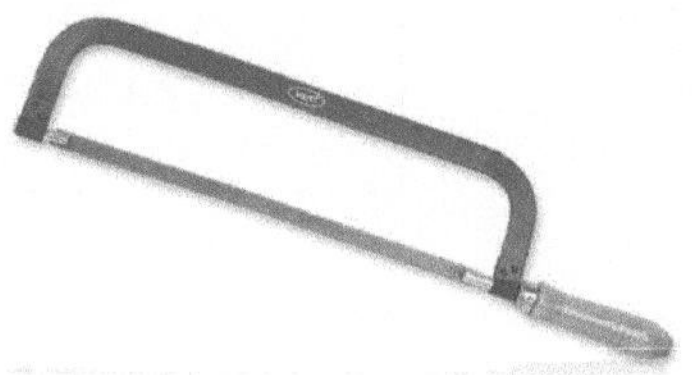

KOHL VERLAG
TECHNIK fachfremd unterrichten
Leichte Einstiege sofort umsetzbar – Bestell-Nr. 11 240

♦ *Klebe nun die Bezeichnungen und die passenden Werkzeugbilder in die entsprechenden Tabellen ein.*

Werkzeuge zum Messen und Anreißen

Bezeichnung	Bild

TECHNIK fachfremd unterrichten
Leichte Einstiege sofort umsetzbar – Bestell-Nr. 11 240
KOHL VERLAG Lernen mit Erfolg

♦ Werkzeuge zum Körnen:

Bezeichnung	Bild

Hilfsmittel beim Körnen:

Bezeichnung	Bild

Werkzeuge zum Ablängen:

Bezeichnung	Bild

◆ **Hilfsmittel beim Ablängen:**

Bezeichnung	Bild

Werkzeuge zum Beseitigen von Unebenheiten:

Bezeichnung	Bild

Werkzeuge zum Bohren:

Bezeichnung	Bild

TECHNIK fachfremd unterrichten
Leichte Einstiege sofort umsetzbar – Bestell-Nr. 11 240
KOHL VERLAG

Informationen für den Lehrer

Metallbearbeitung

Thema: Grundlagen der Metallbearbeitung

Klasse: 5-8 (je nach Vorkenntnissen oder als Wiederholung)

Zeit: 1-2 Schulstunden

Ziel: Die Schüler ...

- ... können aus den verschiedenen Werkzeugen die entsprechenden auswählen.
- ... können verschiedene Werkzeuge zur Metallbearbeitung anwenden.

Benötigtes Material:

Werkzeuge zum Bohren:
- Metallstück
- Körner
- Schlosserhammer
- Maschinenschraubstock
- Spiralbohrer
- Tischbohrmaschine

Werkzeuge zum Messen und Anreißen:
- Stahlmaß/Stahllineal
- Anschlagswinkel
- Reißnadel
- Metallstück

Werkzeuge zum Trennen:
- Bogensäge mit Metallsägeblatt
- Puk-Säge mit Metallsägeblatt
- Schraubstock
- Metallstange/Rundstahl
- Flachzange

Werkzeuge zum Beseitigen von Unebenheiten:
- Flachfeile
- Schraubstock
- Abgelängtes Metallstück (Metallstange)

Informationen für die Lehrperson:

Im folgenden Kapitel können die Schüler erste Erfahrungen in der Metallbearbeitung sammeln. Die Erarbeitung findet an Stationen statt, wobei die Stationen „Messen und Anreißen", „Trennen" und „Beseitigen von Unebenheiten" nacheinander ausgeführt werden sollen. Die Station „Bohren" kann jederzeit eingeschoben werden, wenn alle anderen Stationen gerade belegt sind.
Im Anschluss an diese Einführung kann die Fertigung eines beliebigen Werkstückes folgen. Zum Beispiel kann, je nach Klassenstufe, ein einfacher Bilderhalter, ein Windspiel oder ein Wetterhahn hergestellt werden (bei Blecharbeiten generell Vorsicht beim Bohren).

KOHL VERLAG TECHNIK fachfremd unterrichten Leichte Einstiege sofort umsetzbar – Bestell-Nr. 11 240

Das Werkzeug – Metall bohren

1. Der Bohrer:

Ein Metallbohrer hat im Gegensatz zu einem Holzbohrer keine Zentrierspitze. Diese würde bei Metall sofort abbrechen.

In den Spiralnuten können die Metallspäne gut nach oben geleitet werden.

2. Die Vorbereitung:

Um eine bessere Führung zu haben, empfiehlt es sich, das Metall mit einem Körner anzukörnen. Bei größeren Löchern sollte vorher ein kleineres Loch vorgebohrt werden.

Die Metallteile müssen in einem Bohrständer/Metallschraubstock fest eingespannt sein!

3. Die Drehzahl:

Je kleiner der Bohrer, desto höher muss die Drehzahl eingestellt werden.

4. Das Bohren:

Beim Bohren von Metall werden sehr hohe Temperaturen erreicht. Dies kann zu Verfärbungen und Veränderungen beim Werkstück führen. Daher kühlt man während des Bohrens mit Wasser oder Öl bzw. Bohremulsion. So bleibt der Bohrer länger benutzbar.
Metall wird intervallartig gebohrt. Das heißt, der Bohrer muss regelmäßig aus dem Material herausgeführt werden, damit die Metallspäne aus dem Bohrloch entfernt werden. Zusätzlich kühlt der Bohrer an der Luft ab.

♦ **Aufgabe 15:** *Probiere nun aus, ein Loch in ein Probestück zu bohren. (Vergiss die Schutzbrille nicht!)*

KOHL VERLAG
TECHNIK fachfremd unterrichten
Leichte Einstiege sofort umsetzbar – Bestell-Nr. 11 240

Metalle – Werkzeuge benutzen

Nun darfst du die Metallwerkzeuge benutzen!

◆ **Aufgabe 16**: *Ein Metallstück soll abgelängt werden.*

a) Welche Werkzeuge benötigst du?

______________________ ______________________

______________________ ______________________

____

b) In welcher Reihenfolge benutzt du die Werkzeuge – und wofür?

1	______________________	*zum* ⇨	______________________
2	______________________	*als* ⇨	______________________
3	______________________	*zum* ⇨	______________________
4	______________________	*zum* ⇨	______________________
5	______________________	*zum* ⇨	______________________

◆ **Aufgabe 17**: *Nachdem du alle Arbeitsschritte in die richtige Reihenfolge gebracht hast, probiere es aus.*

Denke nach dem Sägen an das Entspannen des Sägeblattes!

KOHL VERLAG
TECHNIK fachfremd unterrichten
Leichte Einstiege sofort umsetzbar – Bestell-Nr. 11 240

Metalle – Oberflächen bearbeiten

Du hast nun dein Werkstück abgesägt.

▲ **Aufgabe 18**: **a)** *Fahre mit deinem Finger VORSICHTIG entlang der gesägten Kante. Wie fühlt sich die Kante an?*

____

b) *Fahre nun über eine Kante, die du nicht gesägt hast. Wie fühlt sich diese Kante im Vergleich an?*

____

◆ **Aufgabe 19**: **a)** *Welches Werkzeug hilft dir dabei, deine gesägte Kante in den gleichen Zustand wie in den der nicht gesägten Kante zu bringen?*

____

b) *Schau dir das Werkzeug genau an. Wie wendest du es an?*

____

____

____

c) *Wann arbeitet das Werkzeug am besten?*

____

____

____

KOHL VERLAG Lernen mit Erfolg TECHNIK fachfremd unterrichten Leichte Einstiege sofort umsetzbar – Bestell-Nr. 11 240

5 Die Lösungen

1 **Aufgabe 1:** Individuelle Lösungen.

2 **Aufgabe 1:**

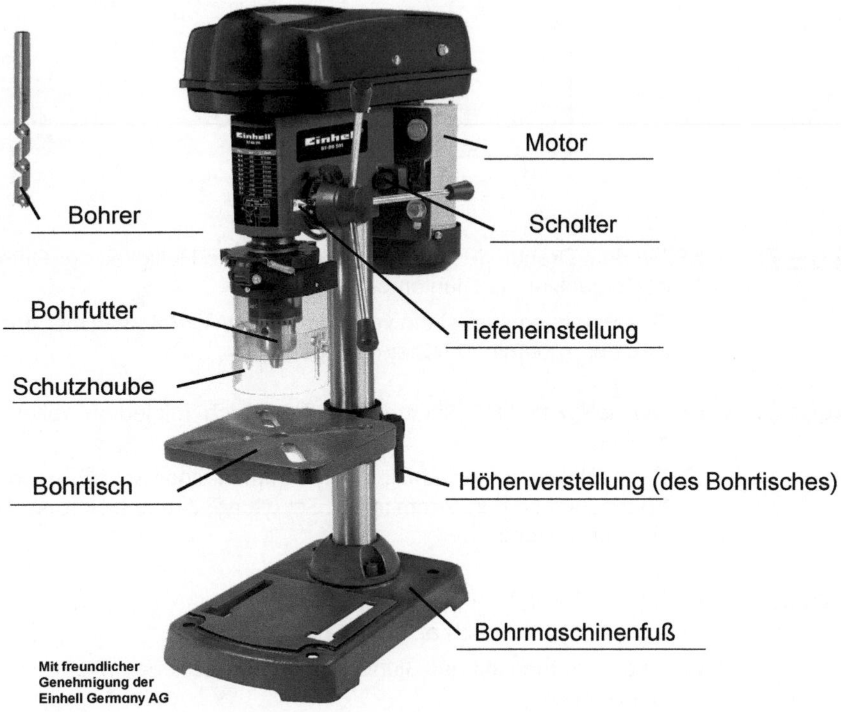

3 **Aufgabe 1:** (Flach-)Batterie, Leitungen/Kabel, Glühlampe

Aufgabe 2: Zeichnung:

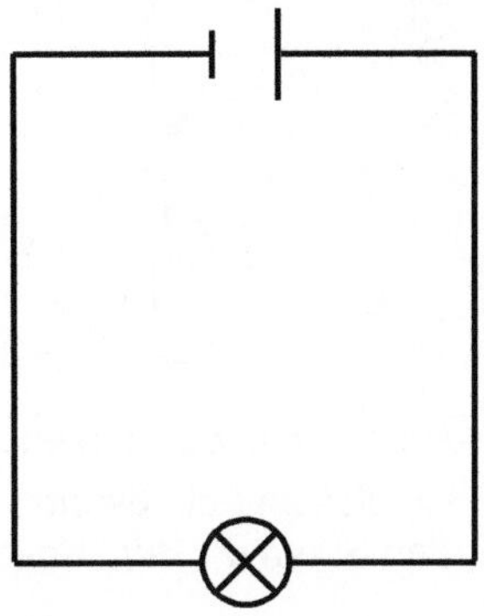

Aufgabe 3: (Flach-)Batterie, Leitungen/Kabel, Glühlampe
alles in Reihe verbinden

Aufgabe 4: **a)** (Flach-)Batterie, Leitungen/Kabel, Glühlampe

Aufgabe 5: **b)** Die Glühlampen leuchten erheblich schwächer, als wenn nur eine Glühlampe angeschlossen ist.

Aufgabe 6: **b)** Jede Glühlampe leuchtet genauso hell, als wäre nur eine Glühlampe im Stromkreis angeschlossen.

TECHNIK fachfremd unterrichten
Leichte Einstiege sofort umsetzbar – Bestell-Nr. 11 240
KOHL VERLAG

5 Die Lösungen

3 **Seite 43**:

Skizze:

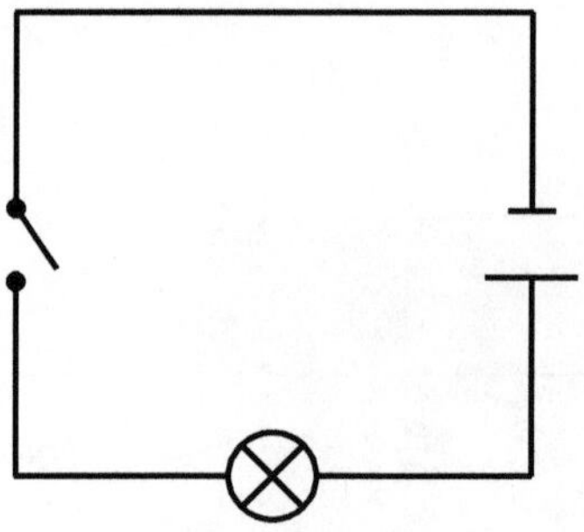

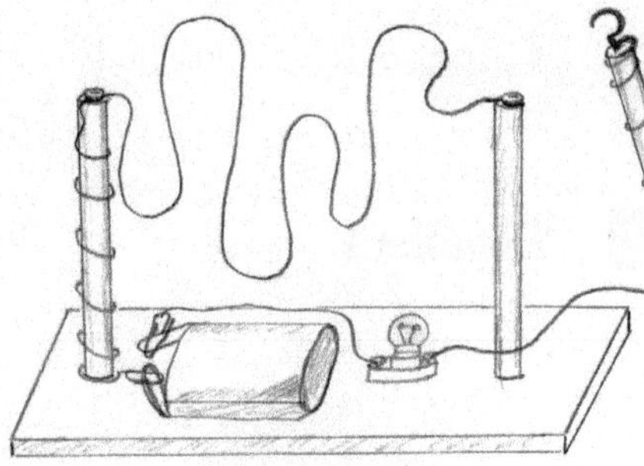

Aufgabe 7:

b) Mit dem Drehen des Poti verändert sich die Helligkeit der Glühlampe. (Je höher das Poti, desto dunkler die Glühlampe.)

c) Das Potentiometer ist ein veränderbarer Widerstand. Über das Drehen der Drehachse wird der Widerstand höher oder geringer.

Aufgabe 8:

c) Die Helligkeit der Glühlampe verringert sich. Mit jedem weiteren Widerstand wird sie dunkler.

d) Ein Festwiderstand reduziert den Strom in einer Schaltung und beeinflusst somit die Spannung und den Strom in der Schaltung. Jedes elektronische Bauteil hat einen eigenen Widerstand.

Aufgabe 9:

b) Die Glühlampe leuchtet nicht.

c) Die Glühlampe leuchtet.

d) Je dichter man mit der Glühlampe an den LDR herankommt, desto heller leuchtet die Glühlampe.

e) Der LDR ist ein durch Licht regulierbarer Widerstand. Je mehr Licht auf den LDR trifft, desto geringer wird der Widerstand. Das heißt, je weniger Licht einfällt, desto mehr wird der Strom in der Schaltung reduziert.

Aufgabe 10:

b)

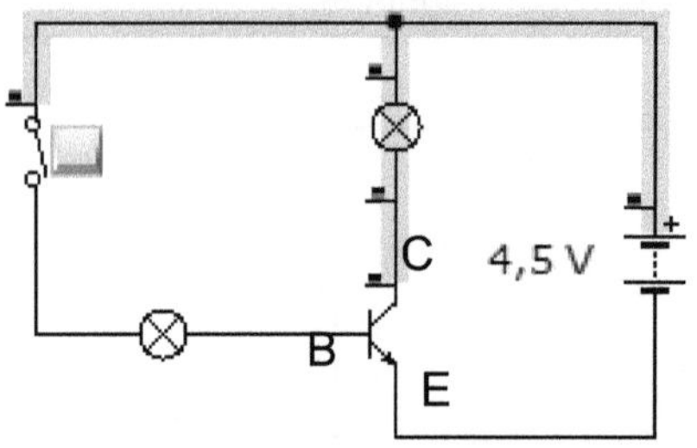

d)

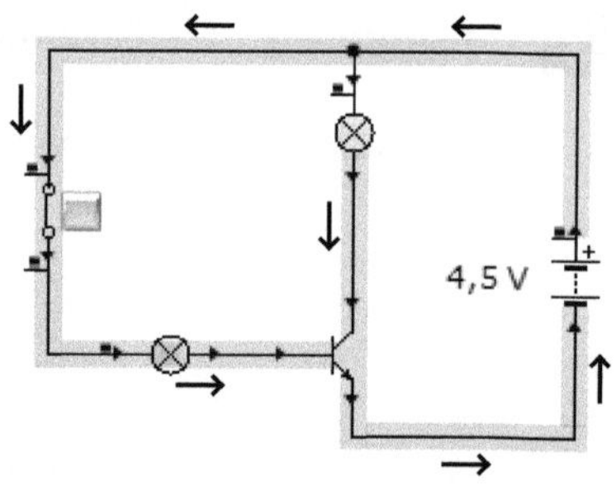

c) Wird der Schalter geschlossen, leuchten beide Glühlampen.

e) Der Transistor agiert in diesem Fall wie ein „Schalter". Kommt ein Basisstrom (an B) an, so „verstärkt" er den Strom auf dem Kollektor-Emitter-Stromkreis.

4 **Aufgabe 1**:

a) Individuelle Lösungen.

b) 1 = Aluminium; 2 = Edelstahl/Silber; 3 = Kupfer; 4 = Eisen/Stahl; 5 = Blei

c) Individuelle Lösungen.

Aufgabe 2:

Eine Legierung ist ein Gemisch aus verschiedenen Metallen. Dies wird gemacht, um die Eigenschaften einzelner Metalle zu kombinieren.

Aufgabe 3:

Mögliche Lösungen:

Aluminium kommt außer als Folie nur als Legierung vor, um die Stabilität zu erhöhen.
Lötzinn ist eine Legierung aus Blei und Zinn, teilweise auch Kupfer und/oder Silber.
Nichtrostende Stahllegierungen sind eine Mischung aus Eisen, Chrom und Nickel.
Weißgold ist eine Mischung aus Gold mit Platin, Palladium oder Silber.
Bronze ist eine Mischung aus Kupfer und Zinn.
Messing ist eine Mischung aus Kupfer und Zink.

5 Die Lösungen

4 **Aufgabe 4:** **a)** silbrig glänzend
b) grau
c) rot/braun

Aufgabe 5:

Zuordnungstabelle	Aluminium	Eisen	Kupfer
1-Cent-Stück		x	x
Teelichthalter	x		
Kabel (innen)			x
Nagel		x	
Gewindestange		x	

Aufgabe 6: **b)**

	magnetisch	nicht magnetisch
Aluminium		x
Eisen	x	
Kupfer		x

Aufgabe 7:

	Vermutung	gewogen
Aluminium		leicht
Eisen		schwer
Kupfer		am schwersten

(Je nach Größe der Metallstücke unterschiedlich!)

Aufgabe 8: **a)** 1. Aluminium; 2. Kupfer; 3. Eisen
b) 1. Aluminium
c)

	Härte	Dichte
1.	Aluminium	Aluminium
2.	Kupfer	Eisen
3.	Eisen	Kupfer

d) Das härteste Metall aus unserem Versuch (Eisen) hat nicht die höchste Dichte. Das bedeutet, die beiden Eigenschaften hängen nicht direkt zusammen.

Aufgabe 9: 1. Kupfer; 2. Aluminium; 3. Eisen

Aufgabe 10:

	Aluminium	Eisen	Kupfer
1-Cent-Münze		x	x
Teelichthalter	x		
Kabel (innen)			x
Nagel		x	
Gewindestange		x	

Aufgabe 11:

	leitet elektrischen Strom	
	ja	nein
Aluminium	x	
Eisen	x	
Kupfer	x	

Aufgabe 12: Kupfer leitet den elektrischen Strom am besten.

TECHNIK fachfremd unterrichten
Leichte Einstiege sofort umsetzbar – Bestell-Nr. 11 240
KOHL VERLAG

5 Die Lösungen

4 **Aufgabe 13:**

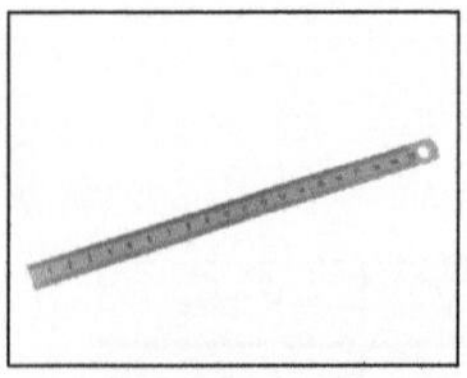

Stahlmaß

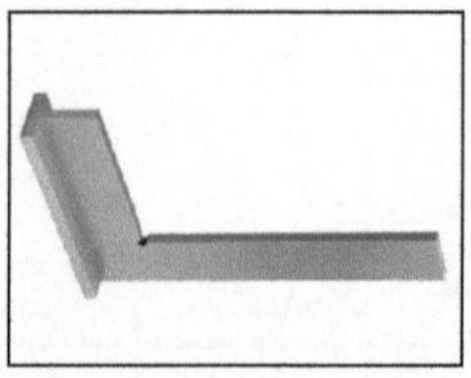

Anschlagswinkel

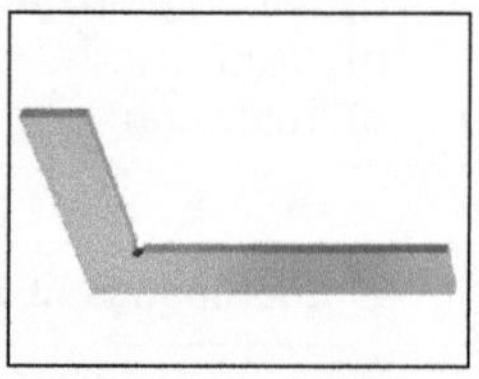

Flachwinkel

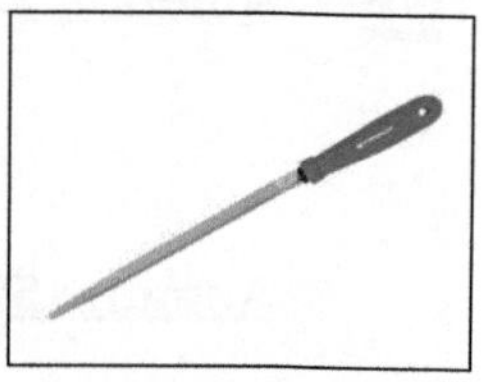

Dreikantfeile

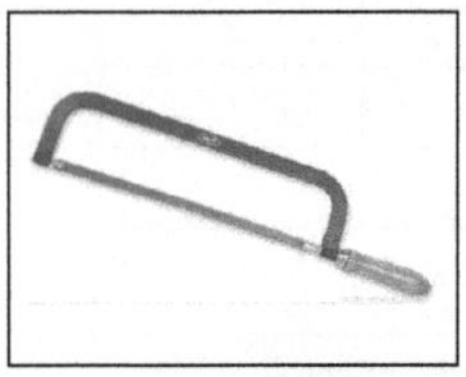

Bügelsäge

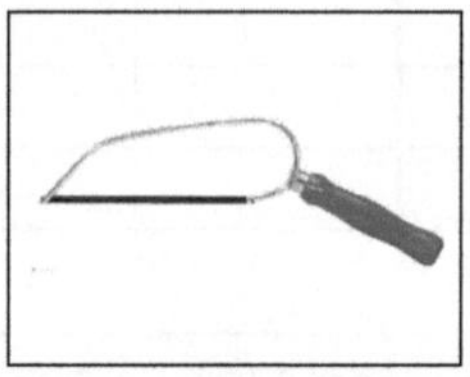

Puk-Säge

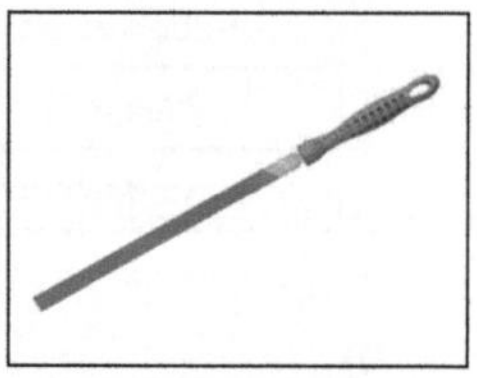

Flachfeile

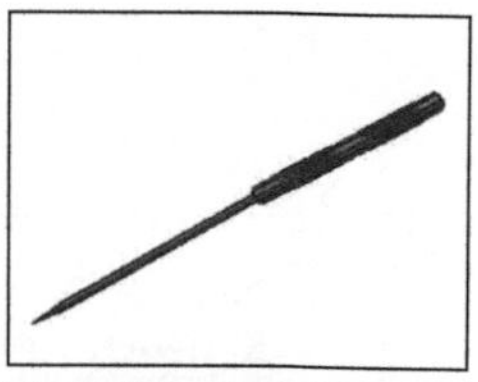

Reißnadel

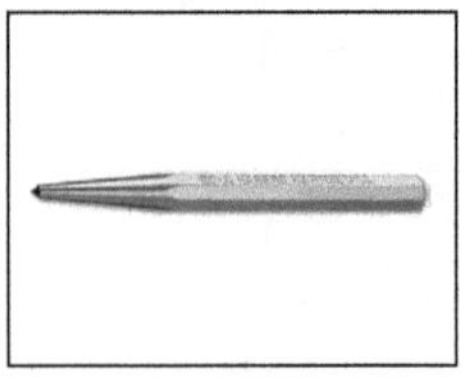

Körner

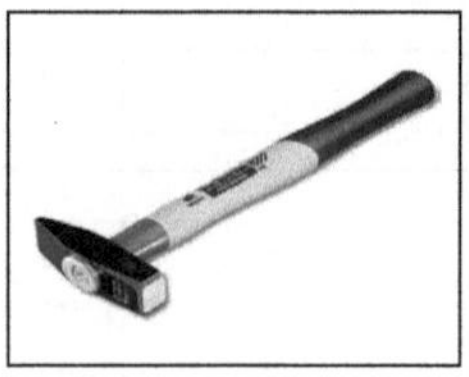

Schlosserhammer

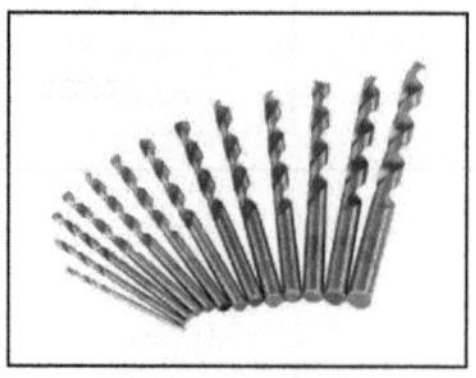

Spiralbohrer

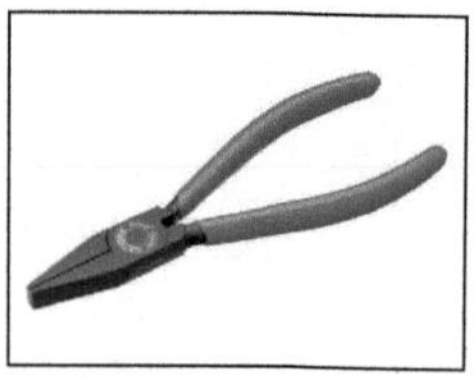

Flachzange

Aufgabe 14: **Werkzeuge zum Messen und Anreißen**

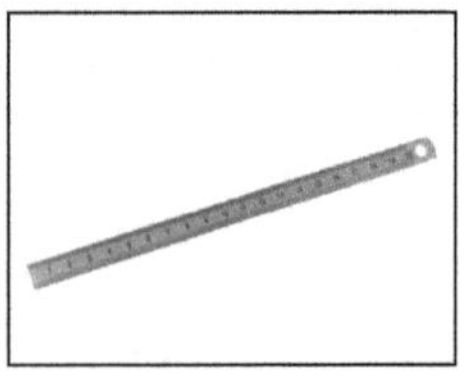

Stahlmaß

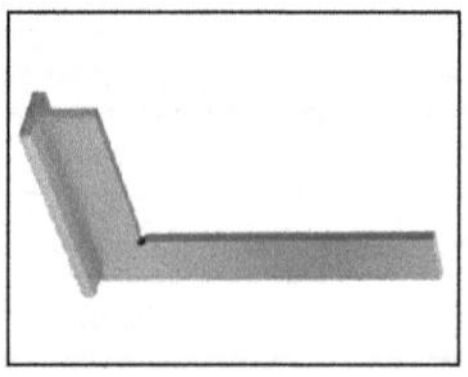

Anschlagswinkel

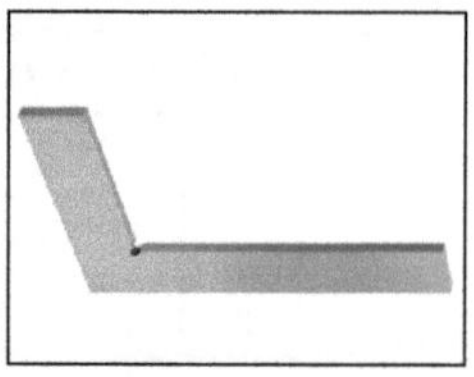

Flachwinkel

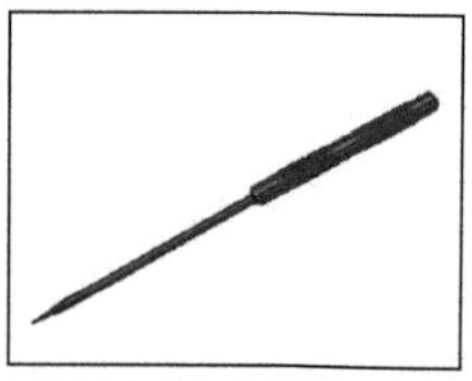

Reißnadel

Werkzeuge zum Körnen

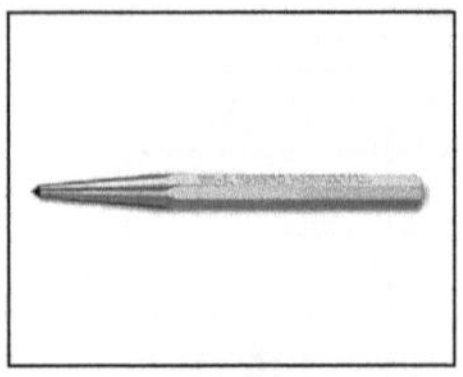

Körner

Hilfsmittel beim Körnen

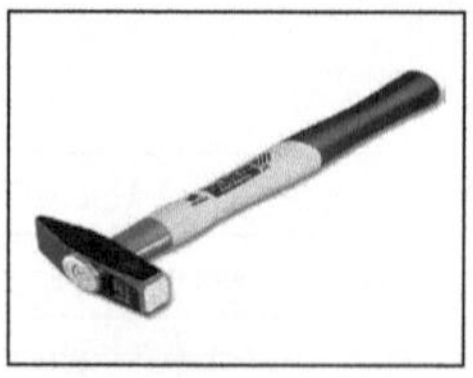

Schlosserhammer

Werkzeuge zum Ablängen

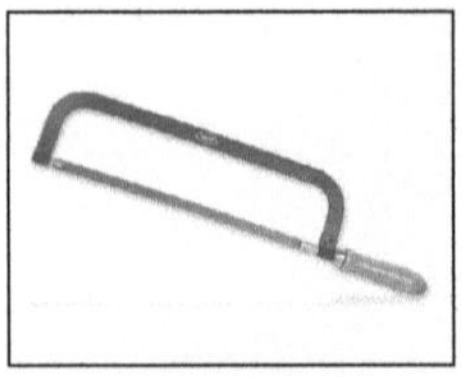

Bügelsäge

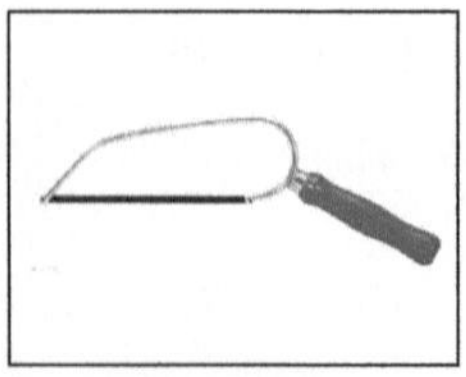

Puk-Säge

Hilfsmittel beim Ablängen

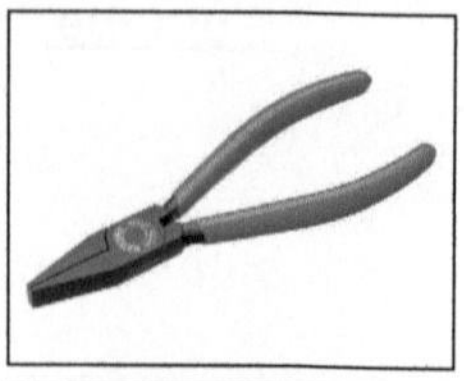

Flachzange

TECHNIK fachfremd unterrichten
Leichte Einstiege sofort umsetzbar – Bestell-Nr. 11 240
KOHL VERLAG

5 Die Lösungen

Werkzeuge zum Beseitigen von Unebenheiten | **Werkzeuge zum Bohren**

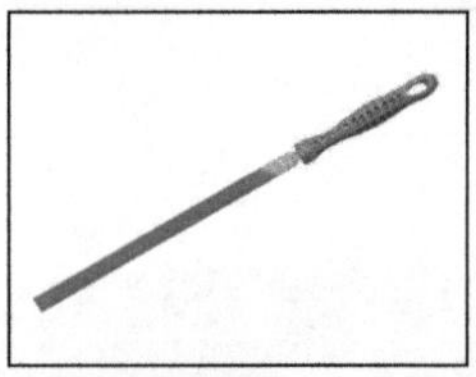

Flachfeile

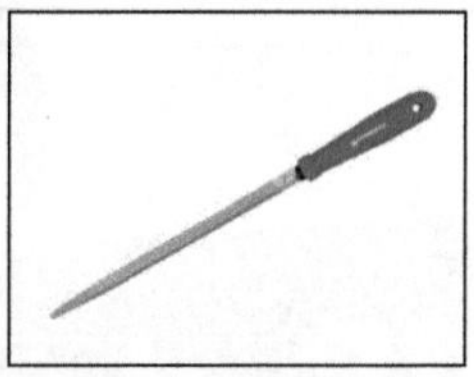

Dreikantfeile

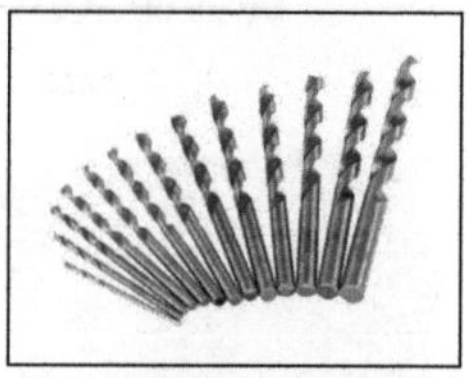

Spiralbohrer

Aufgabe 16:

a) Metallsäge, Schraubstock, Flachzange, Reißnadel, Stahlmaß/Anschlagswinkel

b)
1. Stahlmaß zum Abmessen
2. Anschlagswinkel als Führung
3. Reißnadel zum Markieren
4. Schraubstock zum Festhalten/Einspannen
5. Metallsäge zum Sägen/Ablängen

Aufgabe 18:

a) Die Kante fühlt sich rau, scharfkantig an.

b) Die Kante fühlt sich glatt an.

Aufgabe 19:

a) In diesem Fall hilft die Feile.

b) Zug: Die Feile zum Körper hin ziehen.
Hieb/Stoß: Die Feile vom Körper weg drücken.

c) Die Feile arbeitet auf Stoß bzw. Hieb, das Zurückziehen – also der Zug – erfolgt ohne Druck.

Bildquellen:

Seite 13 & 19:	Einhell Germany AG Sonnenbrille: © Nik - fotolia.com
Seite 18:	© typomaniac - fotolia.com
Seite 46/47:	© Schalter: by-studio - fotolia.com
Seite 56:	© Nägel: ralphhuygen - fotolia.com
Seite 59:	© Magnet: Lena Lir - fotolia.com
Seite 72:	© LianeM - fotolia.com
Seite 82:	© Accountanz, fendy, luismolinero, alex83m, yoyonpujiono & Ghost Rider - AdobeStock.com